Gakken

きめる！KIMERU SERIES BB

［きめる！共通テスト］

生物基礎 改訂版
Basic Biology

著＝山口 学（東進ハイスクール・代々木ゼミナール）

はじめに

　こんにちは。初めまして。東進ハイスクール、代々木ゼミナールなどで生物の講師をしている山口です。生物講師をやっていて、参考書を出版するのは長年の夢でした。たくさんの受験生を合格させたいと常に思っており、やっとの思いで多くの受験生のお手伝いができる参考書ができました。この本を使って、1人でも多くの受験生が第一志望に合格できることを願っております。

　受験の生物という科目はただ単に単語を丸暗記する科目ではありません。「生物のなぜ」を理解することで、「身近な生物学のなぜ」までもがわかる本当に楽しい科目なのです。授業でも「生物は暗記ではない、理解する科目である」を中心に授業を展開していますし、生物基礎の授業では身近な生物学に関するネタをバンバン入れて「生物は楽しい」を伝えています。本書ではこの生物基礎の授業での板書・説明・身近な生物学のネタなどをふんだんに入れているので、僕の生物基礎の授業を受けているように読んでください。

　Gakken編集担当の徳永さま、本書を作るにあたってより良いものを作ろうとほぼ毎週打ち合わせをして本当に良いものになりました。お互いに戦った甲斐がありましたね。ありがとうございました。また、Gakken編集アシスタントの秋下さま、僕のこだわりが強いだけに編集なども苦労したと思います。そのおかげでより良いものができました。ありがとうございました。

　白石智樹先生、佐藤栄祐先生、本書を作るにあたって生物学の内容などアドバイス等本当にありがとうございました。

　最後に、僕をこの予備校業界に導いてくれた恩師、最初の教え子である香川君をはじめ歴代の教え子たちのおかげで今の僕があると思っております。感謝してもしきれないぐらいですが、改めて本当にありがとうございます。

　本書が、1人でも多くの受験生を第一志望の大学合格に導ける一助となるよう願っております。受験勉強は本当に大変ですが、是非とも頑張ってくださいね！

生物講師　山口学

本書の使い方と特徴

　生物基礎の共通テストでは、学習した知識を身近な生物学へ関連づけたり、思考力・判断力、文章の読解力などが求められたりします。本書は共通テストで求められる力をつけられるように工夫しています。

① 「ここできめる！」で概要を確認できる

　本書では、新課程の各教科書を研究して，頻出内容の知識をまとめました。丸暗記ではなく一つひとつの知識を理解できる内容にしています。各テーマの冒頭にある「ここできめる！」には、各分野でまず何を学習するべきかが書いてあります。本書をしっかり読めば共通テストに必要な知識が十分つきますし、特に理解すべき内容はポイントにまとめているので上手に活用してください。

② 演習問題で知識の使い方をチェックできる

　共通テストで重要視されている、思考力や判断力を養えるように、各テーマに過去問などから厳選した演習問題をつけています。各テーマの内容が理解できているかどうかをチェックすることはもちろん、学習した知識をどのように使うかも意識して演習しましょう。問題を解くことで、知識の使い方がわかり、思考力や判断力が向上していきます。

③ 読解力を養える

　文章の読解力は文章をよく読むことで向上していきます。本書の隅々まで読み返すことで読解力の向上が望めます。さらに、知識の定着もできるので一石二鳥です。また、コラムでは身近な生物学のネタを多数掲載しています。共通テストでは身近な生物学に関する問題がしばしば出題されるので、確認しておきましょう。

もくじ

はじめに …………………………………………… 002

本書の使い方と特徴 ……………………………… 003

共通テスト　特徴と対策はこれだ！ …… 006

SECTION 1	生物の特徴

THEME 1　生物の多様性と共通性 ………………… 020

THEME 2　細胞 …………………………………………… 028

THEME 3　細胞の大きさと顕微鏡 ……………… 036

THEME 4　代謝とエネルギー ……………………… 046

THEME 5　呼吸と光合成 …………………………… 054

SECTION 2	遺伝子とそのはたらき

THEME 1　遺伝子の本体 …………………………… 062

THEME 2　DNAの複製 ………………………………… 072

THEME 3　遺伝情報の発現 ………………………… 082

THEME 4　遺伝子とゲノム ………………………… 092

SECTION 3	体内環境

THEME 1　体内環境と体液 ………………………… 100

THEME 2　自律神経系による体内環境の維持 ……… 112

THEME 3　ホルモンによる体内環境の維持 ………… 120

THEME 4　血糖濃度の調節 ………………………… 128

THEME 5 　　　免疫　………………………………… 136

THEME 6 　　　免疫と医療　……………………………… 150

| SECTION 4 | 植生の多様性と生態系の保全 |

THEME 1 　　　植生と遷移　……………………………… 158

THEME 2 　　　バイオーム　…………………………… 172

THEME 3 　　　生態系と生物の多様性　………………… 184

さくいん　　　………………………………………… 204

共通テスト
特徴と対策はこれだ！

 Q1 まずは，共通テストの生物基礎について
概要を教えてください！

　共通テストの生物基礎の問題は，主に**知識と考察（計算も含む）の2本柱で出題されます**。共通テストの作成方針である「思考力・判断力を問う」に基づき，設問文が長かったり，知識をもとに図や資料，文章に対する読解力を問うたり，実験結果を解析する思考力や知識の応用力を試したりする問題が多いです。

 Q2 試験時間と配点を教えてください。

　生物基礎は，理科①のグループに属します。理科①は物理基礎，化学基礎，生物基礎，地学基礎の4科目あります。**解答時間は2科目で60分，配点は2科目合計で100点です。1科目あたりの時間は決まっていないので，60分間の配分は自由にできますが，1教科あたり30分を目安としましょう**。問題数が多く，文章も長いので問題を効率よく解かなければなりません。

 Q3 難易度について教えてください。

　平均点は年度によって大きく変わりますが，だいたい50〜60%で推移しています。直近の平均点は以下のようになります。

年度	2024年	2023年	2022年	2021年
平均点	31.57点	24.66点	23.90点	29.17点

Q4 どのような分野から出題されますか。

　特定の分野に偏ることなく，すべての大問がA・Bにわかれること
で教科書の全範囲から出題されています。

　2024年の試験では，大問ごとに教科書の「生物の特徴」，「遺伝子
とそのはたらき」，「ヒトの体内環境の維持」，「生物の多様性と生態系」
から幅広く出題されました。図や資料に基づいて考察する問題が多く
出題されています。今後も第1問は「生物の特徴」・「遺伝子とそのは
たらき」，第2問は「ヒトの体内環境の維持」，第3問は「生物の多様
性と生態系」から出題されるでしょう。

	配点	マーク数	大問	出題分野	
2024年	17点	5	第1問 『生物の特徴』 『遺伝子とそのはたらき』	A	細胞・ゲノム
				B	細胞周期
	18点	6	第2問 『ヒトの体内環境の維持』	A	血液凝固・免疫
				B	腎臓
	15点	5	第3問 『生物の多様性と生態系』	A	バイオーム
				B	外来生物

Q5　第１問の概要とポイントを詳しく教えてください。

　　第１問は，「生物の特徴」と「遺伝子とそのはたらき」の内容から出題されます。「生物の特徴」は知識問題が中心に出題されますが，過去には，宿題プリントや授業プリントを用いた新しい形式の問題が出題されるなど難易度の高い問題が出題されることもありました。

　　「遺伝子とそのはたらき」の内容は知識問題だけでなく，グラフ問題や計算問題もよく出題されています。過去には，実験の考察問題で，実験の組み立てに関しての科学的な思考力が求められる問題も出題されました。この形式の問題は今後も出題されるでしょう。

Q6　第２問の概要とポイントを詳しく教えてください。

　　第２問は，「ヒトの体内環境の維持」の内容から出題されます。この分野は，知識の応用が求められます。ホルモンのはたらきであれば，一つひとつの名称とはたらきを丸暗記するのではなく，ホルモンがどのようなメカニズムで体内環境を維持しているかまで理解しなければなりません。実験考察問題やグラフの問題がよく出るので，教科書や参考書に掲載されている代表的な実験やグラフはしっかり理解しておきましょう。また，ヒトの体内の臓器の位置も確認しておきましょう。

Q7　第３問の概要とポイントを詳しく教えてください。

　　第３問は，「生物の多様性と生態系」の内容から出題されます。この分野は，身近な生物学と関連した問題がよく出題されます。「日常生活や社会との関連を考慮し，科学的な事物・現象に関する基本的な概念や原理・法則などを理解する」という共通テストの方針に沿った問題がよく出題されます。動物・植物の例や環境問題など，身近な事例と関連付けをして知識を整理しましょう。

Q8 出題形式の傾向について教えてください。

　知識の応用，会話文などの読解力，身近な生物学の内容が出題されやすいです。 単純な知識を問う問題も出題されますが，全体として知識の応用問題や図や資料に基づいて考察する問題が多く出題されます。特に教科書や定期テストでは見たことのないようなグラフの出題もあります。

　また，会話文の問題，文章に合うような穴埋め問題，問題文の中から解答を導くためのヒントを読み取るなどの読解力が問われる問題が出題される傾向にあります。人体の内容や生態系などの特定の分野では，生物基礎で学習した内容に関連する身近な生物学の問題が出題されています。

Q9 知識が求められる問題というのはどのような問題ですか。
また，どのような対策ができますか。

　単純な知識を問う問題や知識の応用問題で，「過不足なく選べ」という問題などが出題されます。知識をきちんと理解しているか，知識を正確に覚えているかが求められています。**解くときのコツは，各選択肢を丁寧に確認し消去法で削っていくことです。** これだけで，正答率があがると思いますよ。

Q10 読解力が求められる問題というのはどのような問題ですか。また，どのような対策ができますか。

　会話文に当てはまる文を選ぶ問題や文章の穴埋め問題などが出題されます。会話文や穴埋めでは問題文を隅々まで丁寧に読む必要がありますが，**問われている文章の前後が重要になります。問題文の穴埋めの前後をよく読み，線を引くなどして解答となるヒントを見つけましょう。**

　また，解答へのヒントになることが多いので，**問題文の「なお」「ただし」などの注意事項は必ず丁寧に読んでください。**実は，共通テストでは問題文に解答を導くためのヒントがたくさんちりばめられています。その意識をもって問題文全体を丁寧に読むだけでも得点アップが期待できます。

Q11 グラフに関する問題というのはどのような問題ですか。
また，どのような対策ができますか。

　グラフ問題では，図や資料に基づいて実験結果などを考察する問題などが出題されます。**グラフを見たら必ず縦軸と横軸の名前をチェックして意味を考えるようにしてください。**そして，教科書などで学習したことがあるグラフであるか，それとも初めて見るグラフであるかを判断しましょう。教科書などで学習したことがなくても，縦軸と横軸に注目して落ち着いてグラフの表している内容を考えることが重要です。また，問題を解くときは選択肢をよく読んで，選択肢をもとに再度グラフや図などを吟味し，正誤判定をしましょう。

Q12 実験に関する問題というのはどのような問題ですか。また，どのような対策ができますか。

　実験問題は教科書に記載されている実験はもちろん，初めて見る実験が出題されることもあります。**教科書に記載されているような基本的な実験は，その目的，手順・操作の意味，実験結果などをしっかりと理解しておきましょう**。重要な観点は「なぜ？」と疑問をもつことです。「なぜこの操作を行うのか？」，「なぜこの実験結果になるのか？」という意識をもつと理解が深まります。

　初めて見る実験問題は，問題文を丁寧に読み，実験を考えるヒントを集めましょう。複雑に見える実験でも，簡単にメモや図解で整理するとわかりやすくなることがあります。

　また，実験は比較が大切です。対照実験には，「基準となる実験」と「条件が一つだけ異なる実験」が与えられます。それらを比較して，条件の違いによって結果がどのように変わったのか，結果が変わった原因が何であるかをしっかり考えましょう。このときに，これまで学習してきた知識の活用が求められます。

Q13 計算に関する問題というのはどのような問題ですか。また，どのような対策ができますか。

　与えられたデータを整理する過程などにおいて数学的な手法を用いる問題などが出題されます。問題文をよく読んで，**図解で情報を整理しながら計算の方針を立てましょう**。その方針に従って問題文に沿うように順序立てて計算をしていくことが重要です。

❶ 知識問題

→各選択肢を丁寧に確認し消去法で削る

❷ 読解力問題

→穴埋めの前後をよく読み，重要と思う箇所に線を引く

→「なお」，「ただし」などの注意事項は要チェック

❸ グラフに関する問題

→縦軸と横軸の名前をチェックしてから考える

❹ 実験に関する問題

→複雑に見える実験は，簡単にメモや図解で整理する

→対照実験は，「基準となる実験」と「条件が一つだけ異なる
　実験」を比較する

❺ 計算に関する問題

→図解で情報を整理しながら計算の方針を立てる

Q14 どうしたら知識の活用ができるようになりますか。

　　教科書や参考書の各テーマの内容を，知識間のつながりを意識して体系的に覚えていくとよいでしょう。高得点を狙うなら，教科書や参考書を１回だけ読むのではなく，何度も読み返して太字となっている重要用語をすべて説明できるようになりましょう。これができれば，共通テストで問題を解くための知識が十分に定着します。知識の定着なくして，応用力や考察力は身につきません。まずは教科書や参考書の知識をしっかり定着させるところからはじめましょう。

Q15 身近な生物学とはどのような内容ですか。

　　例えば，「ワクチンを打つとなぜ免疫が成立するのか？（本書のSECTION 3）」，「ご飯を食べたとき，どのようなホルモンが出ているのか？（本書のSECTION 3）」，「環境の保全に向けて，その原因に対して自分は何ができるか？（本書のSECTION 4）」などは身近な生物学の内容です。

　　教科書や参考書に記載されている身近な生物学を丁寧に読み，実際の生活でどのように関係しているかを考える習慣をつけるとよいでしょう。特に参考書のコラムを意識すると，身近な生物学の知識を身につけることができます。

Q16 高得点はどうしたら狙えますか。

　「問題演習を通じて知識をどのように使うか」がいちばん大事です。知識をいかにうまく使って問題を解くかを意識しましょう。 まずは，テーマごとに掲載されている問題を解き，解説を読んで知識の使い方や文章の読解力，データの解析力を身につけてください。さらに，この参考書で得た知識を使って，過去問を何年分も解いて知識の使い方や考察力を身につけていきましょう。新課程の共通テストでも過去の共通テストやセンター試験と同様の問題が出題されているので，過去問を用いた問題演習が効果的です。過去問を解くときは，時間を計って行い，時間配分を意識してください。その後，間違った問題に対して知識ミスか考察ミスかなど，間違った原因を分析するとよりよいでしょう。

> 対策のポイント
> **❶ 知識の活用**
> 　→教科書や参考書を何度も読み返す
> 　→太字となっている重要用語を説明できるようにする
> **❷ 身近な生物学**
> 　→学んだ生物基礎の知識が実際の生活でどのように関係しているかを考える
> 　→参考書のコラムを意識する
> **❸ 高得点のコツ**
> 　→テーマごとに掲載されている問題を解き，知識の使い方や文章の読解力，データの解析力を身につける
> 　→時間配分を意識して過去問演習を十分に行う
> 　→間違った問題は，間違った原因を分析する

共通テスト
生物基礎のまとめ

○試験の概要
- 解答時間は2科目で60分，1科目30分を目安とする
- 配点は2科目合計で100点
- 平均点は50～60%
- 第1問は，「生物の特徴」と「遺伝子とそのはたらき」から出題
- 第2問は，「ヒトの体内環境の維持」から出題
- 第3問は，「生物の多様性と生態系」から出題

○問題の傾向と対策
- 知識問題，読解力が求められる問題，グラフに関する問題，実験に関する問題，計算問題などが出題される
- 教科書や参考書の重要用語が説明できるようになるまでくり返し読む
- 過去問は時間配分を意識して演習し，間違えた問題は原因を突き詰める
- 共通テストで高得点をとる最大の対策としては知識を理解して覚え，どのようなパターンの問題にも応用して知識を活用できるようにする

　本書を有効活用して第一志望に合格できるように頑張ってくださいね。
健闘を祈ってます！

SECTION

生物の特徴

THEME

1　生物の多様性と共通性
2　細胞
3　細胞の大きさと顕微鏡
4　代謝とエネルギー
5　呼吸と光合成

きめる!
KIMERU
SERIES

SECTION1で学ぶこと

SECTION1は「違い」に着目して知識を整理しましょう。具体的には，「動物細胞と植物細胞の違い」，「真核細胞と原核細胞の違い」，「同化と異化の違い」などです。特徴を丸暗記するのではなく，「違い」に着目することで体系的に理解できるでしょう。

ここが問われる！ 真核細胞には動物細胞と植物細胞がある。共通する構造と植物細胞のみに見られる構造を整理しよう！

核，細胞質基質（サイトゾル），細胞膜，ミトコンドリアは動物細胞と植物細胞で共通する構造です。葉緑体と液胞，細胞壁は植物細胞にのみ見られる構造です。

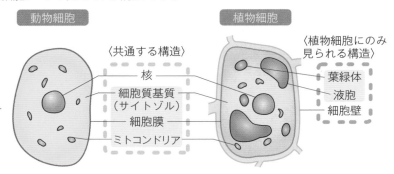

動物細胞　　　　植物細胞

〈共通する構造〉
核
細胞質基質（サイトゾル）
細胞膜
ミトコンドリア

〈植物細胞にのみ見られる構造〉
葉緑体
液胞
細胞壁

※　　　は細胞質

ここが問われる！ 細胞は真核細胞と原核細胞にわけられる。それぞれの構造の違いを整理しよう！

原核細胞は細胞膜とDNAをもっていますが，明瞭な核やミトコンドリア，葉緑体をもちません。一方で，細胞壁をもっています。このことは，共通テストではよく出題されるのでおさえておきましょう。

	DNA	細胞膜	細胞壁	明瞭な核 (核膜)	ミトコンドリア	葉緑体
原核細胞	○	○	○	×	×	×
真核細胞 動物	○	○	×	○	○	×
真核細胞 植物	○	○	○	○	○	○

○＝一般に存在する　×＝一般に存在しない

ここが問われる！

**代謝は同化と異化に大別される。
それぞれの反応，エネルギーの出入り，
反応例を整理しよう！**

　代謝はエネルギーを吸収して単純な物質から複雑な物質を合成する同化と，複雑な物質を単純な物質に分解しエネルギーを放出する異化にわけられます。

	同化	異化
反応	合成 単純な物質→複雑な物質	分解 複雑な物質→単純な物質
エネルギー	吸収	放出
反応例	光合成	呼吸

> SECTION1は知識を問う問題がよく出る単元だよ。
> 丸暗記するのではなく，比較して「違い」に着目す
> ることで知識を整理すると発展的な問題にも対応で
> きるようになるよ。

ここで
きめる!

📖 地球上では約190万種もの生物の存在が確認されているよ。

📖 生物の進化の道すじを表した図を系統樹というよ。

📖 生物には共通性がみられるよ。それは，地球上の生物が共通の祖先からいろいろな生物に進化してきたからだよ。

1 生物の多様性

　地球上では**約190万種**もの生物の存在が確認されています。これだけたくさんの種類の生物がいるのは，生物が長い時間をかけて**進化**を重ねてきたからです。**生物それぞれの分類を種**（ヒト，チンパンジー，イヌ，サクラなど）といい，**それぞれの種に進化していった過程を樹木のような形に表した図を系統樹**といいます。

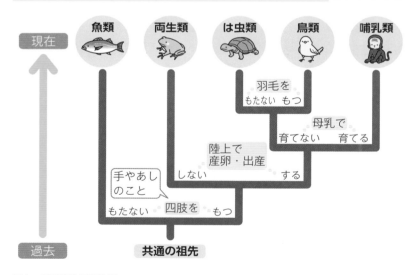

図1　脊椎動物の系統樹

 「四肢をもつ・もたない」「羽毛をもつ・もたない」など，枝が分岐するところで生物のグループの特徴がわかれるよ。

2 生物の共通性

　地球が誕生したのは今から約46億年前，最初の生命（生物）が誕生したのは約38億年前といわれています。この最初の生物は生物の共通性（生物の定義）を満たしていたと考えられています。

1 生物の共通性とは

　地球上のすべての生物に共通する特徴として，次のようなものが挙げられます。

特徴 1 細胞からできている

　生物は，自分と外界を膜（細胞膜）で隔てた細胞（cell）という構造をもちます。生物は，**1つの細胞からできている単細胞生物**（ゾウリムシなど）と，**多数の細胞からできている多細胞生物**にわけられます。（→p.28）

特徴 2 DNAをもつ（それを生殖で子孫に伝える）

　生物は，**遺伝情報であるDNA（デオキシリボ核酸）**をもち，その情報を親から子へ受け継ぎます。（→p.62）

特徴 3 エネルギーを利用して自ら生命活動を行う

　生物は**ATP**という物質を利用してエネルギーをやりとりし，生きていくための様々な生命活動を行っています。生物が自らの生体内で行う化学反応を**代謝**といいます。（→p.46）

特徴 4 体内環境を一定に保つ

　生物は，外界の環境が変化してもそれに対応して，**体内環境を一定に保つことができます。**このしくみを**恒常性（こうじょうせい）**といいます。（→p.101）

　現在，地球上に存在する生物はすべて，最初にできた生物から進化したと考えられています。「**全生物間で共通性がある＝共通の祖先から進化したため**」ということをおさえておきましょう。

POINT 生物の共通性

①細胞からできている

②DNAをもつ（それを生殖で子孫に伝える）

③エネルギーを利用して自ら生命活動を行う

④体内環境を一定に保つ

 生物の共通性は，「ヒトはできて（もっていて），バイクや機械はできない（もっていない）こと」と考えればいいんだ。

え，そんなざっくりした考え方でいいんですか？

 POINTの①〜④は，全部ヒトにはあてはまるけど，バイクにはあてはまらないでしょ？

例えばバイクが
細胞でできていたら

ぐにゃん

DNAを子孫に受け継いだら

バブー

COLUMN　ウイルスって生物なの？　生物じゃないの？

　新型コロナウイルス（COVID-19）感染症のニュースでウイルスに関しては話題になったね。その他に知っているウイルスは，インフルエンザウイルス，ヒト免疫不全ウイルス（HIV）などかな？

　これらウイルスが生物か生物じゃないかは，微妙な扱いをされているんだ。なぜなら，ウイルスには生物の共通性を満たしていない部分があるからだ。

　ウイルスは遺伝物質としてDNAやRNAをもつが，細胞でできていなくて，タンパク質の殻をもっているんだ。

　そして，ウイルスは自ら増殖したり，代謝を行ったりすることができない（生物はATPを利用して自ら増殖・代謝を行う）。ウイルスは他の生物の細胞に感染して，相手の物質やしくみを使って増殖する。

　このように生物の共通性を欠く部分があることから，ウイルスは「生物っぽいけど，厳密にいえば生物ではない」という微妙な扱いをされ，いまだに生物か生物ではないのかについて議論され続けているんだよ。

　次の@〜⑪は生物の共通性に関する記述である。正しいものの組み合わせとして最も適当なものを，①〜⑫のうちから選びなさい。

(女子栄養大学／改)

ⓐ　細胞壁で囲まれた細胞からできている。
ⓑ　細胞膜で囲まれた細胞からできている。
ⓒ　DNAを遺伝情報として形質を子孫に伝えるしくみがある。
ⓓ　RNAを遺伝情報として形質を子孫に伝えるしくみがある。
ⓔ　活動に必要なエネルギーの受け渡しにATPを利用している。
ⓕ　活動に必要なエネルギーの受け渡しにADPを利用している。
ⓖ　外部環境の変化に対して体内の状態を一定に保つしくみをもっている。
ⓗ　外部環境の変化に対して体内の状態を一定に保つことができない。

① ⓐ・ⓒ・ⓔ・ⓖ　　　② ⓐ・ⓒ・ⓔ・ⓗ
③ ⓐ・ⓒ・ⓕ・ⓗ　　　④ ⓐ・ⓓ・ⓔ・ⓖ
⑤ ⓐ・ⓓ・ⓔ・ⓗ　　　⑥ ⓐ・ⓓ・ⓕ・ⓗ
⑦ ⓑ・ⓒ・ⓔ・ⓖ　　　⑧ ⓑ・ⓒ・ⓔ・ⓗ
⑨ ⓑ・ⓒ・ⓕ・ⓗ　　　⑩ ⓑ・ⓓ・ⓔ・ⓖ
⑪ ⓑ・ⓓ・ⓔ・ⓗ　　　⑫ ⓑ・ⓓ・ⓕ・ⓗ

生物の共通性のポイントを思い出そう（→p.22）。

ⓐ・ⓑについて，**生物は自分と外界を細胞膜で隔てた細胞をもつ。**➡ⓐは×（細胞壁），ⓑは〇。

ⓒ・ⓓについて，**生物は遺伝情報であるDNAをもち，それを生殖で子孫に伝える。**➡ⓒは〇，ⓓは×（RNA）。

ⓔ・ⓕについて，**生物はATPを利用して生命活動を行う。**➡ⓔは〇，ⓕは×（ADP）。

ⓖ・ⓗについて，**生物は外界の変化に対して，体内環境を一定に保つことができる。**➡ⓖは〇，ⓗは×（できない）。

よって，　答え ▶ ⑦

本問のように，正誤問題では選択肢のどこが×かを意識しよう。 また，共通テストは正しいもの（もしくは誤っているもの）を「過不足なく選べ」という出題もされるので，すべての選択肢の正誤を判断できるようになっておこう。

　次の図は，生物がたどってきた進化の道すじで獲得された特徴に基づく動物の類縁関係を系統樹で表したものである。例えば図中のＸの時点で獲得された特徴には，翼や羽毛をもつことが挙げられる。図中のa〜cの時点で獲得されている特徴の組み合わせとして最も適当なものを，下記の①〜⑧から選びなさい。

（名古屋学芸大学／改）

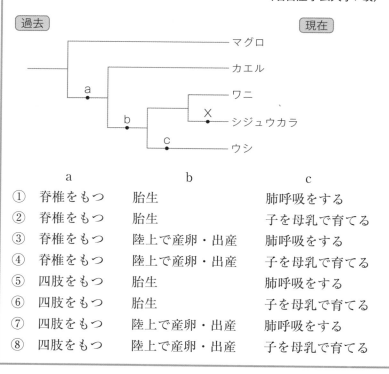

	a	b	c
①	脊椎をもつ	胎生	肺呼吸をする
②	脊椎をもつ	胎生	子を母乳で育てる
③	脊椎をもつ	陸上で産卵・出産	肺呼吸をする
④	脊椎をもつ	陸上で産卵・出産	子を母乳で育てる
⑤	四肢をもつ	胎生	肺呼吸をする
⑥	四肢をもつ	胎生	子を母乳で育てる
⑦	四肢をもつ	陸上で産卵・出産	肺呼吸をする
⑧	四肢をもつ	陸上で産卵・出産	子を母乳で育てる

それぞれのグループの共通項に着目し，共通項のあり・なしを考えるとわかりやすい。まず，マグロ＝魚類，カエル＝両生類，ワニ＝は虫類，シジュウカラ＝鳥類，ウシ＝哺乳類と分類する。

aの分岐：魚類とそれ以外（両生類・は虫類・鳥類・哺乳類）でのあり・なし

　魚類以外は手・あしなどがある（＝四肢をもつ）。四肢をもった結果，両生類・は虫類・鳥類・哺乳類へと進化した。

bの分岐：両生類とそれ以外（は虫類・鳥類・哺乳類）でのあり・なし

　多くの両生類は水中で産卵・出産を行う。は虫類・鳥類・哺乳類は陸上で産卵・出産する（魚類と両生類の一部は体外受精，は虫類・鳥類・哺乳類は体内受精）。

　産卵・出産を陸上ですることで，は虫類・鳥類・哺乳類へと進化した。

cの分岐：哺乳類とそれ以外（は虫類・鳥類）でのあり・なし

　哺乳類は子を母乳で育てる。は虫類と鳥類は卵で育つ（卵生という）。母乳で育てる（胎生によってできた子は，生まれてからしばらくは母乳で育つ）ことを手に入れた結果，哺乳類へと進化した。

　よって，　答え　⑧

　共通テストは身近な生物が問われるので，有名な動物名と分類はしっかりと知っておこう。

THEME

2 細胞

ここで
きめる！

🔖 細胞には真核細胞と原核細胞があるよ。各細胞小器官の特徴やはたらきを覚えよう。

🔖 原核生物の具体的な例を挙げられるようになろう。

🔖 真核細胞と原核細胞の違いをおさえよう。

1 細胞

　THEME 1 で，生物の共通性の 1 つとして「生物は細胞からできている」ということを学びました。細胞は，**核がある**真核細胞と**核がない**原核細胞にわけられ，真核細胞からできている生物を**真核生物**，原核細胞からできている生物を**原核生物**といいます。

1 真核細胞（真核生物）

　真核細胞の基本的な構造を確認します。まずは，それぞれの名称と，植物細胞と動物細胞の違いを確認しておきましょう。

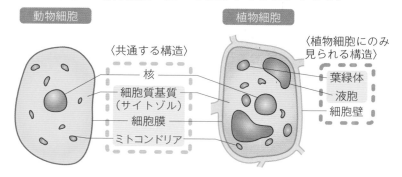

図2　光学顕微鏡で観察できる真核細胞の基本的な構造（模式図）

② 真核細胞の構造体

　真核細胞は，通常1個の**核**と細胞質からなります。細胞の中には，様々なはたらきを担う**細胞小器官**と呼ばれる構造体があります。

表1　真核細胞の構造体（特徴とはたらき）

構造体		特徴とはたらき
核		DNAが核膜に包まれた構造。 核膜は二重膜構造。 RNAを含む球状体の核小体が内部にある。
細胞質	細胞質基質 （サイトゾル）	様々な物質や酵素などを含み，化学反応の場となる。酸素を用いず有機物を分解してエネルギー（ATP）を得る。
	細胞膜	タンパク質とリン脂質などからなる。
	ミトコンドリア	酸素を用いて有機物を分解して，エネルギー（ATP）を産生する。呼吸の場となる。二重膜構造をもち，独自のDNAをもつ。
	葉緑体	植物細胞特有の構造体。緑色の色素のクロロフィルを含み，光合成の場となる。二重膜構造をもち，独自のDNAをもつ。
	液胞	成熟した植物細胞で見られる。糖や赤色の色素アントシアンの貯蔵のはたらきを担う。
細胞壁		植物細胞で見られる。細胞膜の外側を取り囲んでいる。セルロース（多糖類）が主成分。

COLUMN 電子顕微鏡で見える細胞小器官

　細胞を電子顕微鏡で観察すると，細胞内部の詳細な構造を観察することができる。

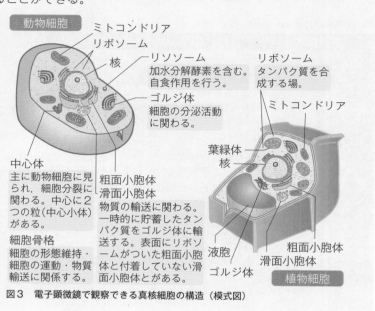

動物細胞

ミトコンドリア
リボソーム
核
リソソーム
加水分解酵素を含む。
自食作用を行う。
ゴルジ体
細胞の分泌活動
に関わる。

リボソーム
タンパク質を合
成する場。
ミトコンドリア

葉緑体
核

中心体
主に動物細胞に見
られ，細胞分裂に
関わる。中心に２
つの粒（中心小体）
がある。

細胞骨格
細胞の形態維持・
細胞の運動・物質
輸送に関係する。

粗面小胞体
滑面小胞体
物質の輸送に関わる。
一時的に貯蓄したタン
パク質をゴルジ体に輸
送する。表面にリボソ
ームがついた粗面小胞
体と付着していない滑
面小胞体とがある。

液胞
ゴルジ体

粗面小胞体
滑面小胞体

植物細胞

図3　電子顕微鏡で観察できる真核細胞の構造（模式図）

③ 原核細胞（原核生物）

　原核細胞は真核細胞と同様に
細胞膜とDNAをもっています。
しかし，原核細胞は核をもたず，
DNAは核膜に包まれていませ
ん。原核細胞の大きさは真核細
胞と比べて小さく，ミトコンド
リアや葉緑体のような細胞小器
官ももちません。

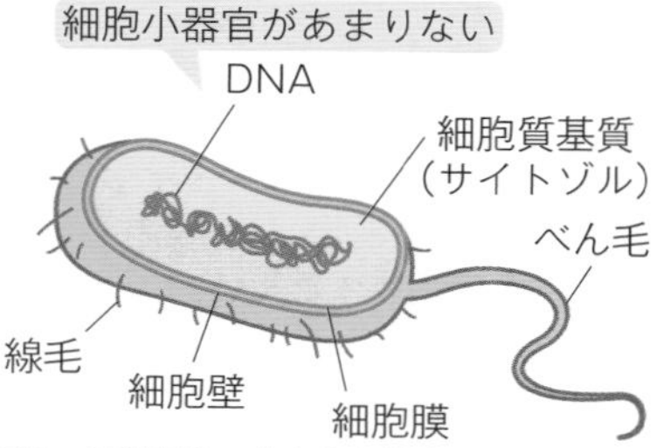

細胞小器官があまりない
DNA
細胞質基質
（サイトゾル）
べん毛
線毛
細胞壁
細胞膜

図4　原核細胞の基本的な構造（模式図）

「原核生物＝微生物」と考えていいですか？

確かに，大腸菌や乳酸菌はそうだけど，微生物のイメージが
ある酵母や，タマホコリカビなどのカビ，キノコも実は真核
生物だよ。これは共通テストではよく出るネタなんだ。気を
つけよう。

> **POINT** 代表的な生物の例
>
> **真核生物**：動物，植物，酵母，カビ，キノコ
> **原核生物**：細菌（大腸菌，乳酸菌など），シアノバクテリア（ネ
>   ンジュモ，ユレモ）

COLUMN 細胞内共生説

　真核細胞の起源については，**細胞内共生説**という考え方がある
よ。細胞内共生説とは，呼吸を行う原核生物が細胞内に共生してミ
トコンドリアの起源となり，さらにミトコンドリアをもつ真核細胞
の細胞内に光合成を行う原核生物が共生して，葉緑体の起源となっ
たと考える説だ。ミトコンドリアや葉緑体が二重膜をもち，独自の
DNAをもつのは，このような経緯があるからと考えられているんだよ。

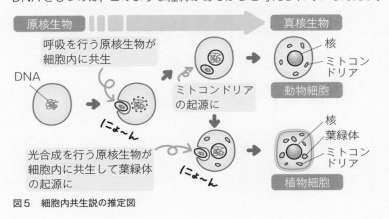

図5　細胞内共生説の推定図

2 | 原核細胞と真核細胞の違い

　原核細胞と真核細胞の共通性と違いを表で確認します。

表2　原核細胞と真核細胞の共通性と違い　**よく出る**

		DNA	細胞膜	細胞壁	明瞭な核 （核膜）	ミトコンドリア	葉緑体
原核細胞		○	○	○	×	×	×
真核細胞	動物	○	○	×	○	○	×
	植物	○	○	○	○	○	○

○＝一般に存在する　×＝一般に存在しない

POINT

○　細胞小器官をほとんどもっていないのが原核細胞

○　葉緑体は植物細胞特有

○　細胞壁は原核細胞と植物細胞で共通

過去問にチャレンジ

次の文章を読み，下の問いに答えよ。

　父が高校生のときに使ったらしい生物の授業用プリント類が，押入れから出てきた。「懐かしいなぁ。<u>カビやバイ菌って，原核生物だったっけ。</u>」と，プリントを見ながら，父が不確かなことを言い出した。私は，一抹の不安を抱きながら何枚かのプリントを見てみたところ，そこには……。

（大学入学共通テスト）

問1　下線部に関連して，**原核生物ではない生物**として最も適当なものを，次の①～④のうちから一つ選べ。

①　酵母　　②　乳酸菌　　③　大腸菌

④　肺炎双球菌（肺炎球菌）

問2　下図は，提出されなかった宿題プリントのようである。そのプリント内の解答欄ⓐ～ⓓの書き込みのうち，**間違っている**のは何箇所か。数値として最も適当なものを，下の①～⑤のうちから一つ選べ。

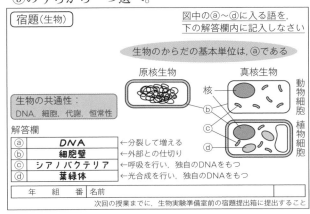

①　0　　②　1　　③　2　　④　3　　⑤　4

問1

②乳酸菌，③大腸菌，④肺炎双球菌は原核生物に分類される。

①酵母やカビは真核生物に分類される。

よって，　答え　①

原核生物や真核生物を選ぶ問題は共通テストでよく出題されるので生物例をしっかりと覚えておこう。**特にカビや酵母はよく問われるので要注意**。

> **POINT** 間違いやすい原核生物と真核生物の例
>
> 原核生物：大腸菌・乳酸菌・納豆菌・ネンジュモ・ユレモなど
> 真核生物：酵母・カビ・ゾウリムシ・ミドリムシ・オオカナ
> 　　　　　ダモなど

問2

図や絵の問題では，矢印が指しているものなどをしっかりと判断して，わかるところからどんどん解いていくことが重要。また細胞小器官については，それぞれのはたらきや特徴をしっかりと整理して覚えておこう。

a：生物のからだの基本単位は「細胞」である。×

b：原核生物，動物細胞，植物細胞ともに共通している外部との仕切りなので「細胞膜」である。細胞壁は植物細胞と原核生物がもつ。×

c：呼吸を行い，独自のDNAをもつのは「ミトコンドリア」である。×

d：光合成を行い，独自のDNAをもち，植物細胞にしか存在しないので「葉緑体」である。○

2

細胞

間違っている箇所は3箇所なので，　答え　④

> **POINT**　**細胞小器官の特徴**
>
> **二重膜構造をもつ**：核・ミトコンドリア・葉緑体
>
> **DNAをもつ**：核・ミトコンドリア・葉緑体
>
> **ATPを合成する**：ミトコンドリア・葉緑体（光合成に使う
> ATPをつくる）
>
> **色素をもつ**：葉緑体（クロロフィル　緑色）・液胞（アントシ
> アン　赤色）

THEME

3 | 細胞の大きさと顕微鏡

ここで
きめる！

📑 肉眼では見えないものを観察するために，正しい顕微鏡操作を身につけよう。

📑 ミクロメーターの計算の仕方を覚えよう。

📑 肉眼や顕微鏡で観察できる限界の大きさを確認しよう。

1 顕微鏡の構造と操作手順

　科学では「なぜ？」という疑問を出発点に，観察を通して仮説を立て，それを検証するために実験を行います。小さな生物や細胞など，肉眼で見ることができないものを観察するためには顕微鏡を使います。顕微鏡操作は，必ず正しい手順でマスターしておきましょう。

① 顕微鏡の構造

　基本的な光学顕微鏡の構造は次の図6のようになっています。顕微鏡の構造とそれぞれの部位の名称を確認しておきましょう。

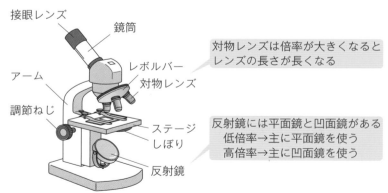

接眼レンズ
鏡筒
レボルバー
対物レンズ
アーム
調節ねじ
ステージ
しぼり
反射鏡

対物レンズは倍率が大きくなると
レンズの長さが長くなる

反射鏡には平面鏡と凹面鏡がある
低倍率→主に平面鏡を使う
高倍率→主に凹面鏡を使う

顕微鏡の倍率＝接眼レンズの倍率×対物レンズの倍率

図6　光学顕微鏡の構造と部位の名称

② 顕微鏡の操作

顕微鏡の操作は，**準備（❶・❷・❸）→ピントを合わせる（❹）**
→観察（❺・❻）の流れで行います。

手順 ❶ 顕微鏡を水平で直射日光の当たらない明るい場所に置く。

手順 ❷ **先に接眼レンズをつけて，次に対物レンズを取り付ける。**
（→接眼レンズでふたをして，ほこりが入らないようにするため）

手順 ❸ レボルバーを回し，低倍率の対物レンズにする。
（→低倍率のほうが視野が広く，観察対象を見つけやすいから）

手順 ❹ プレパラートをセットし，調節ねじを回して，**横から**
見ながら対物レンズをプレパラートに近づける。その後，**接眼レ**
ンズをのぞきながら対物レンズを遠ざけて，ピントを合わせる。
（→対物レンズをプレパラートにぶつけて，レンズやカバーガラ
スを傷つけないようにするため）

手順 ❺ **左右倒立像**に注意して，試料を視野の中央に移動させる。

〈実際のプレパラート〉〈レンズで見えている像〉

上下左右が逆に見える

試料（この場合abc）を中央にする（左上に
動かしたい）場合はプレパラートを右下に
動かせばよい

*ただし，試料と視野が同じ向きに見える顕微鏡もある。

手順 ❻ 対物レンズを高倍率に替えて観察をする。**高倍率にす**
ると視野が暗くなるので，反射鏡を低倍率時の平面鏡から凹面
鏡に変え，しぼりを開く。一般的に低倍率ではしぼりを絞り，高
倍率ではしぼりを開く。

接眼レンズ
鏡筒
対物レンズ

対物レンズ

接眼レンズ

プレパラート

レンズを取り付ける順番は
接眼レンズ→対物レンズ

横から見ながら対物
レンズを近づける。

接眼レンズをのぞきなが
ら対物レンズを遠ざける。

観察

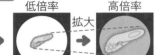

低倍率　　高倍率

拡大

対象を視野の中央に。
(プレパラートを赤い矢印の方向に)

対物レンズの倍率を高くすると
視野が暗くなる。

図7　顕微鏡操作の流れ

この前の授業で，顕微鏡を使ったオオカナダモの観察
実験を行いました。緑色の粒が動いていて，「うわっ！
見えないところで，こんなに動いてるんだ！」と驚き
ました。

その緑色の粒は葉緑体だよ。生きている植物細胞などを観察
すると，葉緑体などが流れるようにして動いていることが見
られるんだ。**原形質流動**といって，生きている細胞でのみ
見られる現象だよ。

POINT　**顕微鏡操作の手順**

顕微鏡観察を行うときは，

　　　　準備 → ピントを合わせる → 観察

という流れをイメージする。

3

細胞の大きさと顕微鏡

2 　細胞の大きさなどを測定する道具（ミクロメーター）

　微生物や細胞などの大きさを測る道具として**ミクロメーター**が
あります。ミクロメーターには**接眼ミクロメーター**と**対物ミクロ
メーター**があります。特に，接眼ミクロメーター1目盛りの長さを
求めることが重要です。それをもとに細胞などの大きさを求める計
算問題がよく出題されます。

① ミクロメーターの準備

　接眼ミクロメーターは接眼レンズの中にセットし，対物ミクロメー
ターはステージにセットして使います。

接眼ミクロメーター

上ぶた
たな
接眼レンズ
接眼ミクロメーター
レンズ筒

接眼ミクロメーターは
接眼レンズの中に入れる。

対物ミクロメーター

対物ミクロメーターは
ステージの上にセットする。
対物ミクロメーターには
1 mmを100等分した目盛り（1
目盛り＝10 μm）が刻まれている。

図8　接眼ミクロメーターと対物ミクロメーター

② 接眼ミクロメーター1目盛りの長さの求め方

　実際の測定には接眼ミクロメーターを使いますが，接眼ミクロメー
ター1目盛りが示す長さは倍率により変化してしまいます。そこで，
**対物ミクロメーターを基準に，接眼ミクロメーター1目盛りの
大きさを求めておきます**（対物ミクロメーターの目盛りは1 mm
を100等分した0.01 mm＝10 μm）。

手順 ① まず，対物ミクロメーターにピントを合わせて，**接眼ミクロメーターの目盛りと対物ミクロメーターの目盛りが一致するところを2か所探す。**

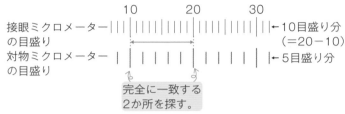

接眼ミクロメーターの目盛り　←10目盛り分（＝20−10）

対物ミクロメーターの目盛り　←5目盛り分

完全に一致する2か所を探す。

手順 ② 一致した目盛り数をもとに接眼ミクロメーター1目盛りの長さを求める。接眼ミクロメーター1目盛りの長さは，次の式で求められる。

$$接眼ミクロメーター1目盛りの長さ＝\frac{対物ミクロメーターの目盛り数×10\ \mu m}{接眼ミクロメーターの目盛り数}$$

手順 ① の図では，接眼ミクロメーター10目盛り分と対物ミクロメーター5目盛り分が一致しているので，次のように計算できる。

$$接眼ミクロメーター1目盛りの長さ＝\frac{5×10\ \mu m}{10}＝5\ \mu m$$

接眼ミクロメーターの1目盛りの長さの式は，「節分の体重」とゴロ合わせで覚えよう。

$$接眼ミクロメーター1目盛りの長さ＝\frac{対物ミクロメーターの目盛り数×10\ \mu m}{接眼ミクロメーターの目盛り数}$$

たい　じゅう　ぶんの　せつ

<u>節</u>　<u>分の</u>　<u>体</u>　<u>重</u> ということですね。
接眼ミクロメーター　分数　対物ミクロメーター　×10

3

細胞の大きさと顕微鏡

そうそう。参考に，対物レンズを低倍率から高倍率に替えた
ときの変化も見ておこう。

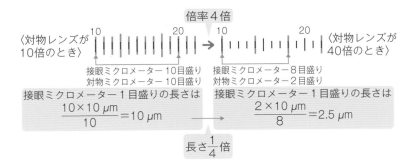

倍率4倍

〈対物レンズが 10倍のとき〉   10   20   〈対物レンズが 40倍のとき〉   10   20

接眼ミクロメーター10目盛り
対物ミクロメーター10目盛り

接眼ミクロメーター8目盛り
対物ミクロメーター2目盛り

接眼ミクロメーター1目盛りの長さは
$$\frac{10 \times 10 \ \mu m}{10} = 10 \ \mu m$$

接眼ミクロメーター1目盛りの長さは
$$\frac{2 \times 10 \ \mu m}{8} = 2.5 \ \mu m$$

長さ$\frac{1}{4}$倍

接眼ミクロメーターは，見た目の長さは変わらないのですね。

POINT **接眼ミクロメーター1目盛りの長さ**

接眼ミクロメーター1目盛りの長さの計算は，公式で覚えよう！

接眼ミクロメーター1目盛りの長さ
$$= \frac{対物ミクロメーターの目盛り数 \times 10 \ \mu m}{接眼ミクロメーターの目盛り数}$$

倍率がn倍up $\longrightarrow$ 長さは$\frac{1}{n}$倍となる

　細胞を観察するのには顕微鏡が使われる。ア顕微鏡を使って オオカナダモの葉の細胞を観察すると，図1に示すように長方 形の細胞と，その細胞内を緑色の粒子がゆっくり動くことが観 察された。粒子の移動速度を測定するために，接眼ミクロメー ターと対物ミクロメーターを使用し，図2のようにそれぞれの 目盛りが重なって見えるように調整した。なお，対物ミクロメー ターには1mmを100等分した目盛りがついている。イ同じ倍 率で図1の粒子の動きを観察したところ，接眼ミクロメーター 15目盛りを動くのに12秒かかった。

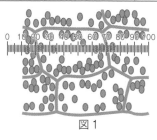

図1

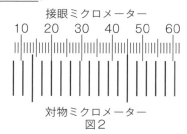

図2

（問1東邦大学　問2愛知医科大学／改）

問1　下線部アについて，光学顕微鏡の操作で**誤っているも の**を，次の①〜⑤の中から一つ選べ。

　①　レンズの取り付けは，先に接眼レンズをつけたのち，対 物レンズをつける。

　②　光学顕微鏡は直射日光の当たらない明るく水平な場所に 置いて使用する。

　③　最初は低倍率で観察し，その後対象を視野の中央にして 高倍率で観察する。

　④　反射鏡には平面鏡と凹面鏡があるが，低倍率のときは凹 面鏡を用いて多くの光を集め明るくする。

　⑤　横から見ながら調節ねじを回して対物レンズの下端とス テージを近づけ，接眼レンズをのぞきながら，対物レン

ズとステージを遠ざけながらピントを合わせる。

問2　下線部イについて，この粒子の移動速度は何 μm/秒か。
　　　正しいものを，次の①〜⑤の中から一つ選べ。

①　2.0　　　②　3.2　　　③　4.0　　　④　39　　　⑤　48

　　オオカナダモの葉の細胞内を粒子がゆっくり動く現象（原形質流動）の観察実験である。

問1　④について，低倍率では平面鏡を用いる。高倍率になると視野が暗くなるので，光が集まる凹面鏡に替えて明るくする（p.37 手順 6 参照）。

　　　よって，　答え ④

　　　④以外の選択肢での顕微鏡の操作手順は②→①→⑤→③となる。

問2　図2より，接眼ミクロメーター25目盛り分（＝45−20）と対物ミクロメーター8目盛り分が一致していることがわかる。

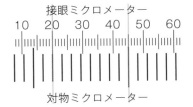

接眼ミクロメーター
10　20　30　40　50　60

対物ミクロメーター

　　これより，接眼ミクロメーター1目盛りの長さは

接眼ミクロメーター1目盛りの長さ＝$\dfrac{\text{対物ミクロメーターの目盛り数}\times 10\,μm}{\text{接眼ミクロメーターの目盛り数}}$

$=\dfrac{8\times 10\,μm}{25}=3.2\,μm$

　　下線部イより，粒子は15目盛り移動するので，移動距離は

　　　3.2×15＝48 μm

　　この距離を12秒で移動するので，移動速度は

　　　48÷12＝4.0 μm/秒

　　よって，　答え ③

　　公式の分母と分子を間違えないように，また，接眼ミクロメーター1目盛りの長さを求めただけで計算を終えてしまわないように注意しよう。

3　生物・細胞の大きさ比べ

　肉眼で観察できる大きさには限界があります。それと同じように，顕微鏡で観察できる大きさにも限界があります。顕微鏡の種類によって，限界の大きさは異なります。

① 顕微鏡で観察できる大きさの限界

　肉眼で観察できる大きさは，0.1 mm くらいが限界です。光学顕微鏡を使用すると，0.2 μm くらいまで見ることができます。電子顕微鏡では，さらにその $\frac{1}{1000}$ の0.2 nm（ナノメートル）くらいまで観察することができます。 mm の $\frac{1}{1000}$ が μm，その $\frac{1}{1000}$ が nm です。肉眼 → 光学顕微鏡 → 電子顕微鏡 で観察できる大きさの限界は，約1000倍ずつ小さくなる（＝単位が変わる）と覚えましょう。

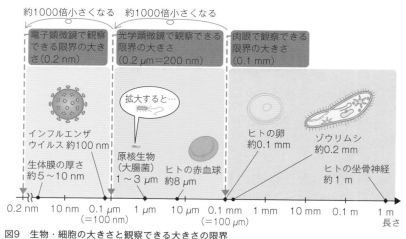

図9　生物・細胞の大きさと観察できる大きさの限界

POINT　**肉眼や顕微鏡で観察できる限界の大きさ**

約1000倍ずつ小さくなり，単位が変わると覚えよう！

　　肉眼：0.1 mm → 光学顕微鏡：0.2 μm → 電子顕微鏡 0.2 nm

> **COLUMN** **分解能と視力検査**
>
> 　**分解能**とは2点を2点として見分けられる最小の距離のことで，要はどれだけ小さいものが見られるかということ。視力検査でCの字（ランドルト環という）が小さくなると，どちらが開いているかわからず，円形に見える。これはCの隙間が2点として分解できず，くっついて見えるからである。そのとき，見分けられていない（＝見えていない）ということになる。

ゾウリムシは肉眼でギリギリ見えるよ。小学校のときに，池の水を紙コップですくって観察しなかった？

あ，小さくうじゃうじゃ見えるヤツですよね。

そうだね。あと，光学顕微鏡ではミトコンドリアまで見ることができる。でも，内部の微細な部分まで観察するには，電子顕微鏡が必要なんだ。電子顕微鏡はウイルスまで見えるよ。

1mの$\frac{1}{1000}$が1mmで，その$\frac{1}{1000}$が1 μm，さらにその$\frac{1}{1000}$が1nmってことは……

1nmは，1mの10億分の1だよ。ナノは「10億分の1」を表す言葉なんだ。

へー！　ナノテクノロジーとかナノマシーンって，めちゃくちゃ小さいってことなんですね。

4 | 代謝とエネルギー

ここで
きめる!

- 🔖 生体内の化学反応を代謝というよ。代謝には同化と異化が あるよ。
- 🔖 生体内でのエネルギーの受け渡しには ATP が利用されて いるよ。
- 🔖 酵素は特定の物質とだけ結びつき，生体内の化学反応を促 進するよ。

1 代謝の基本

　THEME 1 で，生物の共通性の 1 つとして「エネルギーを利用して生命活動を行う」ということを学びました。

　生物は，生体内の化学反応によって，エネルギーを得たり使ったりしています。この生体内での化学反応全体をまとめて代謝といいます。代謝は**単純な物質から複雑な物質を合成し，エネルギーを蓄える同化**と**複雑な物質を単純な物質に分解し，エネルギーを放出する異化**の 2 つに大別されます。

図10　代謝（概念図）

　同化では単純な物質から複雑な物質を合成し，エネルギーを蓄えます。植物が行う光合成は，光エネルギーからデンプンなどの有機

物を合成する同化の例です。

　異化では複雑な物質から単純な物質に分解し，エネルギーを放出します。呼吸は，デンプンなどの有機物を分解することでエネルギーをとりだして利用する異化の例です。

表3　同化と異化の特徴

	同化	異化
反応	合成 単純な物質→複雑な物質	分解 複雑な物質→単純な物質
エネルギー	吸収	放出
反応例	光合成	呼吸

2　ATPの構造とはたらき

　生体内のエネルギーのやりとりは**ATP（アデノシン三リン酸）**という物質を介して行われています。ATPは塩基のアデニンと糖のリボースに，**リン酸**が３個結合した物質です。特に，**リン酸どうしの結合を高エネルギーリン酸結合と呼びます。ATPがADP（アデノシン二リン酸）とリン酸に分解されるときに，高エネルギーリン酸結合が解かれてエネルギーが放出されます。**

　このATPは細胞内で必要な場所に運ばれてエネルギーを供給する役割を担っています。このはたらきは，あらゆる生物の細胞で共通しています。エネルギーのやりとりは，生物において基本的で重要であり，ATPがその中心的な役割を担っています。

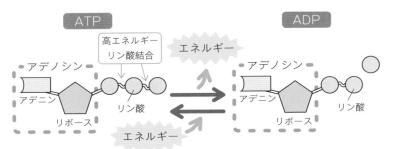

図11　ATPの構造とはたらき

3 酵素

1 酵素とは

化学反応をスムーズにするものを**触媒**といいます。**触媒は，化学反応を促進すること，反応の前後で自らは変化しないなどの特徴があります**。触媒には酸化マンガン（Ⅳ）のような無機触媒と，**酵素**と呼ばれる生体内ではたらく生体触媒があります。

例　過酸化水素水が酸化マンガン（Ⅳ）とカタラーゼで水と酸素になる反応

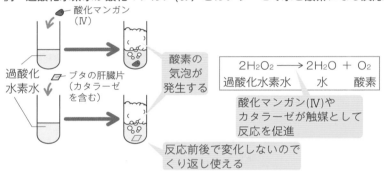

$$2H_2O_2 \longrightarrow 2H_2O + O_2$$

過酸化水素水　　水　　酸素

酸素の気泡が発生する

酸化マンガン(Ⅳ)やカタラーゼが触媒として反応を促進

反応前後で変化しないのでくり返し使える

2 酵素の性質：基質特異性

酵素は特定の物質に結合し，触媒としてはたらきかけます。酵素がはたらく相手の物質を**基質**といいます。基質以外の物質には触媒としてはたらきません。このような酵素が特定の基質とだけ反応を示す性質を**基質特異性**といいます。

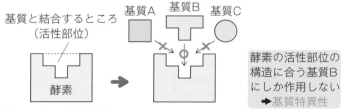

図12　酵素の基質特異性

③ 酵素の特徴

特徴 ❶ 酵素は結合する相手が決まっている（基質特異性）

　体の中の反応は非常に多いので，それぞれの基質に対応した酵素が存在します。

　→酵素の種類は非常に多い（反応の数だけ酵素がある）

特徴 ❷ タンパク質からできている

　DNAの遺伝情報に基づいて，必要に応じて細胞内で合成されます。

特徴 ❸ 温度の影響を受ける

　タンパク質は温度の影響を受けるため，タンパク質からできている酵素は温度の影響を受けます。

　温度が低い→反応が遅い　温度が適温（体温付近）→反応が速い

　温度が高い→反応ができない（タンパク質が熱で変化するため）

特徴 ❹ pHの影響を受ける

　タンパク質はpHの影響を受けるため，タンパク質からできている酵素はpHの影響を受けます。細胞内は中性なので，一般に細胞内ではたらく酵素は中性でよくはたらきます。しかし，中には酸性でよくはたらく酵素もあります。胃液（酸性）に含まれるペプシンという酵素は，酸性でよくはたらきます。

ウシの肝臓片に含まれるカタラーゼのはたらきや性質を調べるため，次のような実験を行った。

【実験】

　試験管A〜Dを用意し，図のように過酸化水素水2 mLに，水2 mLまたは強い酸である10％の塩酸2 mL，強いアルカリである10％の水酸化ナトリウム水溶液2 mLのいずれかを加えた。その後，試験管A〜Cには生の肝臓片，試験管Dには煮沸した肝臓片を入れ，気泡が発生するようすを観察した。

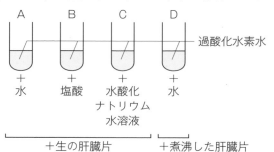

【結果】

　試験管Aでのみ気泡が発生した。発生した気体に線香の火を近づけると激しく燃え上がった。

問1　試験管Aで発生した気体は何か。

問2　次の①・②の特徴を調べるためには，試験管A〜Dのどれを比較すればよいか。

　　　①pHの影響を受ける　　　②温度の影響を受ける

問3　カタラーゼのような酵素は触媒としてはたらくが，特定の物質にしか作用しない。このような酵素の性質を何というか。

問1　過酸化水素水に肝臓片（カタラーゼを含む）を加えると，カタラーゼが触媒となって過酸化水素水の分解を促進し，**酸素**を生じる。酸素は火を近づけると激しく燃え上がる。一方，水素は火を近づけるとポンと音をたてる。

問2　対照実験では，基準となる実験と1つだけ条件が違うもの（その他の条件は同じ）を比較する。 この実験では，試験管Aでのみ反応が起こったので，まず試験管Aを基準として他と比較する。

① 　試験管AとB・Cの違い：塩酸や水酸化ナトリウム水溶液の有無
　　塩酸や水酸化ナトリウムが加わると反応が起こらないことから，カタラーゼはpHの影響を受けることがわかる。
試験管AとBとC

② 　試験管AとDの違い：煮沸した肝臓片
　　煮沸した肝臓片では反応が起こらないことから，カタラーゼは温度の影響を受けることがわかる。　**試験管AとD**

問3　酵素は，結合（反応）する相手が決まっている。その性質は　**基質特異性**

❹ 酵素の存在場所

酵素には，細胞内ではたらくものもあれば，細胞外ではたらくものもある。

● **細胞内ではたらく酵素**

それぞれ特定の場所に存在している。

呼吸に関係する酵素→ミトコンドリア

光合成に関係する酵素→葉緑体

DNAの複製に関係する酵素→核

各種物質の合成などに関係する酵素→細胞質基質（サイトゾル）

酵素は適材適所なんだ。例えば，呼吸ってどの細胞小器官が行うやつだっけ？

呼吸は・・・ミトコンドリアです。

そう。だから，呼吸に関係する酵素はミトコンドリアにあるんだ。それぞれの細胞小器官は，自分が担当する反応を起こすための酵素をもっているんだよ。

● **細胞外ではたらく酵素**

消化酵素が代表例で，消化液に含まれている。

口の中の唾液→アミラーゼ　（米などのデンプンを分解する）

胃の中の胃液→ペプシン（肉などのタンパク質を分解する）

すい臓の中のすい液→トリプシン（ペプシンと同様にタンパク
質を分解する）

すい臓の中のすい液→リパーゼ（油などの脂肪を分解する）

COLUMN　パイナップルの酵素　―身近な生物学❶―

　酢豚に入っているパイナップル。なんで入っているか知っている？あれは，肉をやわらかくする効果があるんだ。生のパイナップルには，ブロメラインというタンパク質を分解する酵素が入っていて，料理の下準備のときに豚肉と一緒に入れておくと，酵素のはたらきによって豚肉のタンパク質が分解されて，豚肉がやわらかくなるというわけだ。

　また，生のパイナップルゼリーというものは存在しない。ゼリーはゼラチンで固めて作るんだけど，ゼラチンはタンパク質が主成分なんだ。生のパイナップルを使うと，酵素がゼラチンのタンパク質を分解してしまうから，いくら冷やしても固まらず，ゼリーは作れない。生のパイナップルからゼリーを作りたかったら，パイナップルを加熱して，酵素がはたらかないようにしなくちゃいけない。

　また，ゼリーと似たものに寒天があるけど，これは炭水化物が主成分だから，生のパイナップルで作ることができる。

　これで，酵素は基質特異性があること（タンパク質を分解し，炭水化物は分解しない），加熱ではたらきを失うことが感覚的に理解できたんじゃないかな？

5 呼吸と光合成

ここで
きめる!

📖 呼吸は，酸素を用いて有機物を分解し，ATP を取り出す反応だよ。

📖 光合成は，太陽の光エネルギーを ATP の化学エネルギーに変えて利用し，二酸化炭素から有機物をつくる反応だよ。このとき，酸素を放出するよ。

📖 呼吸は異化の代表例，光合成は同化の代表例だよ。

1 呼吸

呼吸といえば，酸素を吸って二酸化炭素をはき出すことというイメージがありますが，これは肺で行うガス交換（外呼吸）を指します。生物学では，酸素を用いて有機物を分解し，エネルギー（ATP）を取り出すことも**呼吸**（細胞呼吸）といいます。

❶ 呼吸のしくみ

真核生物の場合，**呼吸は主にミトコンドリアで行われます**。酸素を用いてグルコースなどの有機物を分解し，最終的に二酸化炭素と水をつくり，さらにエネルギーとしてATPを取り出します。呼吸で得たATPを使って，運動や合成など様々な生命活動が行われます。

呼吸全体の反応 エネルギー（ATP）

$$有機物 + 酸素 \xrightarrow{\quad} 二酸化炭素 + 水$$
$$(C_6H_{12}O_6) \quad (O_2) \qquad (CO_2) \qquad (H_2O)$$

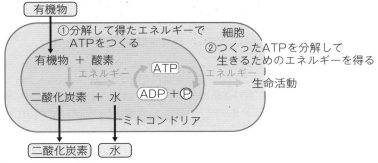

図13 呼吸（概念図）

2 光合成

　呼吸によってATPをつくることはわかりましたが，そのもととなる有機物や酸素はどのようにして手に入れるのでしょうか。有機物や酸素は，植物の葉緑体で行う**光合成**に由来します。

　植物は葉の細胞にある**葉緑体で，太陽の光エネルギーをATPの化学エネルギーに変換**します。**そのエネルギーを利用して二酸化炭素からデンプンなどの有機物をつくり，酸素を放出する光合成を行うのです**。植物が光合成で合成した有機物は，自身で利用するだけでなく，植物を食べる動物も利用します。

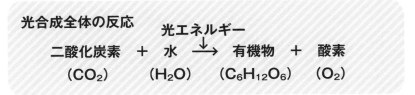

光合成全体の反応

$$\underset{(CO_2)}{\text{二酸化炭素}} + \underset{(H_2O)}{\text{水}} \xrightarrow{\text{光エネルギー}} \underset{(C_6H_{12}O_6)}{\text{有機物}} + \underset{(O_2)}{\text{酸素}}$$

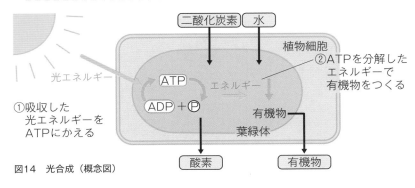

図14 光合成（概念図）

光エネルギーを吸収してグルコースやデンプンなどの有機物をつくる光合成は，単純なものから複雑なものをつくる同化の，まさに代表ですね。

その通り。ここで一つ注意なんだけど，光エネルギーは直接デンプンに取り込まれているわけではないんだ。光エネルギーは，化学エネルギー（ATP）に変換され，このATPの化学エネルギーを使って有機物をつくるんだ。

3 エネルギーの流れ

　生物が生命活動を行うのに必要なエネルギーは，太陽からの光エネルギーに由来しています。植物は光合成によって光エネルギーを化学エネルギー（ATP）に変換し，自ら有機物を合成します。そして，植物自身もその有機物を用いて呼吸を行っています。一方で動物は，植物が合成した有機物を食物として取り入れ，その有機物を呼吸で分解することでATPをつくり，生命活動に用いています。

　このようにエネルギーの流れに着目すると，動物も植物も太陽からの光エネルギーをもとに生命活動を営んでいることがわかります。

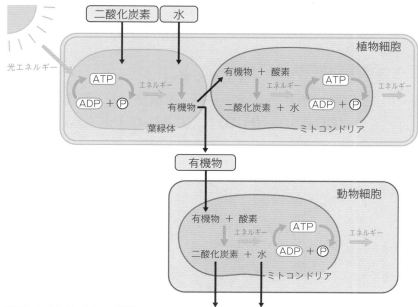

図15　エネルギーの流れ（概念図）

過去問にチャレンジ

次の文章を読み，下の問いに答えよ。

細胞の中では，生命を維持するために，物質が合成されたり分解されたりしている。これらの一連の化学反応は代謝と呼ばれ，<u>同化</u>の過程と異化の過程とがある。

（大学入学共通テスト）

下線部に関して，植物および動物における代謝を次の図に示した。矢印ア〜オのうち，同化の過程を過不足なく含むものを，下の①〜⑨のうちから一つ選べ。

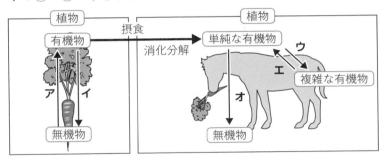

①　ア　　　　　②　イ　　　　　③　ア，ウ　　　④　ア，エ
⑤　イ，ウ　　　⑥　イ，エ　　　⑦　イ，オ　　　⑧　ア，エ，オ
⑨　イ，エ，オ

同化とはエネルギーを吸収して単純な物質（無機物）から複雑な物質（有機物）を合成する過程をいう。単純な物質から複雑な物質を合成している過程は，ア・ウが対応する。

一方で，異化とは複雑な物質（有機物）を単純な物質（無機物）に分解してエネルギーを放出する過程をいう。図ではイ・エ・オが対応する。

よって，　答え　③

過去問にチャレンジ

次の文章を読み，下の問いに答えよ。

　生物は生命活動を営むために，化学反応によって物質を変化させ，絶えずエネルギーを取り出して利用する必要がある。これら生体内での化学反応全体を代謝という。

（大学入学共通テスト）

　下線部に関連して，エネルギーと代謝に関する記述として最も適当なものを，次の①～④のうちから一つ選べ。

①　光合成では，光エネルギーを用いて，窒素と二酸化炭素から有機物が合成される。
②　酵素は，生体内で行われる代謝において，生体触媒として作用する炭水化物である。
③　同化は，外界から取り入れた物質を，生命活動に必要な物質などに合成する反応である。
④　呼吸では，酸素を用いて有機物を分解し，放出されるエネルギーでATPからADPが合成される。

①：光合成では光エネルギーを用いて，「水」と二酸化炭素から有機物と酸素が合成される。よって，誤り。
②：酵素の主成分は炭水化物ではなく「タンパク質」である。よって，誤り。
③：同化は，単純な物質から複雑な物質を合成し，エネルギーとして蓄える反応である。よって，正しい。
④：呼吸で放出されるエネルギーによって，「ADP」から「ATP」が合成される。よって，誤り。
　　よって，　答え　③

SECTION

遺伝子とそのはたらき

2

THEME

1 遺伝子の本体
2 DNA の複製
3 遺伝情報の発現
4 遺伝子とゲノム

SECTION2で学ぶこと

　SECTION2はメカニズムの理解が重要です。体細胞分裂で細胞が増えるときに細胞内のDNA量がどのように変化するかを示した「DNA量の変化のグラフ」や遺伝子の情報からタンパク質が発現する「転写・翻訳の流れ」などが頻出なのでおさえておきましょう。

ここが問われる！ **DNAが合成されるのは，間期のS期！**

　細胞分裂にともなって，細胞1個あたりのDNA量は変化します。間期のS期でDNA量は2倍になり，分裂が終わると細胞あたりのDNA量は半分になります。

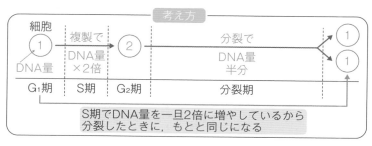

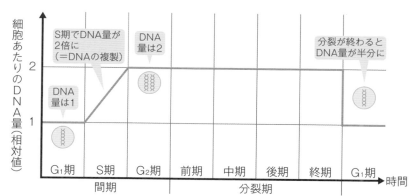

ここが問われる！ **タンパク質合成は転写と翻訳の段階にわけられる！**

　タンパク質合成は，転写と翻訳という手順を踏んで行われます。転写とは，DNAから遺伝情報が写し取られ，RNAという物質がつくられる過程です。翻訳とは，そのRNAの遺伝情報がアミノ酸配列に訳される過程です。

転写　　　　　翻訳
DNA　⟶　RNA　⟶　タンパク質

　DNAからmRNAが転写されたのち，mRNAは核外へでて翻訳が開始されます。tRNAが運んできたアミノ酸が次々と結合し，アミノ酸がつながったタンパク質ができます。

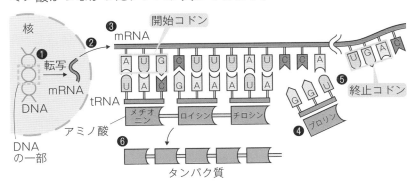

　SECTION 2では知識問題だけでなく，グラフを解析する問題も頻出だよ。グラフ問題は，縦軸と横軸が何を表しているか，グラフに変化が生じている箇所ではどのような現象がおきているかに注目しよう。

1 | 遺伝子の本体

ここで 劇き出る!

📖 遺伝情報を担うものを遺伝子というよ。遺伝子の本体は DNA だよ。

📖 DNA の構成単位はヌクレオチドだよ。ヌクレオチドはリン酸，糖，塩基が結合した化合物だよ。

📖 DNA は二重らせん構造をしているよ。

1 遺伝子の本体

生物がもつ形や性質などの特徴を**形質**といい，親の形質が子に伝わることを**遺伝**といいます。子の体は親から受け継がれる**遺伝情報**をもとにつくられます。この遺伝情報を担うものが**遺伝子**です。1900年代に多くの研究者の実験によって，**遺伝子の本体は DNA （デオキシリボ核酸）という物質である**ことが明らかにされました。（→ **3 遺伝子の本体の研究史**参照）

2 DNA の構造

核の中には核酸という酸性物質があります。**核酸には DNA と RNA があり**，それぞれに役割があります。DNA は「タンパク質の設計図」，RNA （THEME3）は「DNA を写したコピー」です。

1 DNA の構成単位

DNA は，**ヌクレオチド**という分子がつながってできています。**DNA のヌクレオチドは，デオキシリボースという糖にリン酸と塩基が結合してできています**。また，DNA を構成するヌクレオチドの塩基には，**アデニン（A），チミン（T），グアニン（G），シトシン（C）**の４種類があります。ヌクレオチドは糖とリン酸の間で結合してヌクレオチド鎖をつくっています。

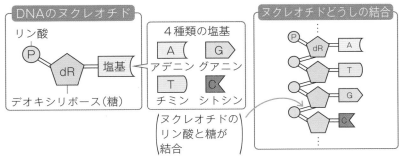

図1　DNAのヌクレオチドとヌクレオチド鎖

② 塩基の数

シャルガフはさまざまな生物のDNAの塩基組成を調べ，**AとT，GとCの数の割合がそれぞれ等しい**ことを発見しました。つまり，

A：T＝G：C＝1：1

ということです。これを**シャルガフの規則**といいます。

表1　生物のDNAの塩基組成（％）　　　　［出典：CURRENT SCIENCE 2003］

AとTがほぼ同じ↓AとTが結合	生物名	塩基の種類				GとCがほぼ同じ↓GとCが結合
		A	T	G	C	
	ヒト	29.3	30.0	20.7	20.0	
	ニワトリ	28.0	28.4	22.0	21.6	
	ネズミ	28.6	28.4	21.4	21.5	
	トウモロコシ	26.8	27.2	22.8	23.2	
	酵母	31.3	32.9	18.7	17.1	

この規則は，DNAを構成するAとT，GとCがそれぞれ結合する性質をもっていることから成り立ちます。このように**特定の塩基どうしが対（塩基対）となって結合する性質を塩基の相補性**といいます。

③ DNAの二重らせん構造

1953年，**ワトソンとクリックがさまざまな研究結果をもとに，DNAが2本の鎖からなる二重らせん構造をしている**ことを**明らかにしました**。2本の鎖は互いに向かい合うように並んでおり，塩基の相補性に従い，各ヌクレオチドの塩基どうしが結合しています。

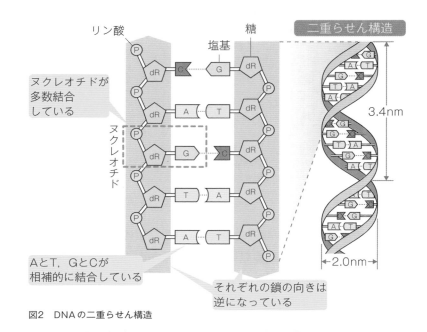

リン酸

糖

塩基

二重らせん構造

ヌクレオチドが
多数結合
している

ヌクレオチド

3.4nm

AとT，GとCが
相補的に結合している

それぞれの鎖の向きは
逆になっている

2.0nm

図2　DNAの二重らせん構造

3　遺伝子の本体の研究史

　遺伝子の本体がDNAであることは，多くの研究者の実験で明らかにされました。17世紀以前は，遺伝は血や神によるものであると考えられていました。しかし，19世紀後半に，メンデル（オーストリア）が**親から子に伝わる，見た目（形質）を決める因子**（遺伝子）があることを唱え，徐々に遺伝子の本体を明らかにする機運が高まりました。

　20世紀のはじめ頃には，遺伝子は染色体上にあることが明らかになり，染色体を構成するDNAとタンパク質のいずれかが遺伝子の本体であると考えられるようになりました。

　タンパク質のほうが複雑な化学的構造なので，当初はタンパク質が遺伝子の本体と考える研究者が多くいました。

研究史に関する問題は入試ではよく出るから，チェックしておこう。

1 グリフィスの実験

　グリフィス（イギリス）は「肺炎双球菌の形質転換」を発見しました。肺炎双球菌には，病原性をもつS型菌と病原性をもたないR型菌があります。加熱処理したS型菌をマウスに注射してもマウスは死にませんが，加熱処理したS型菌に少量のR型菌を混ぜて注射するとマウスが肺炎をおこして死ぬことがわかりました。

●**実験**　マウスに生きたR型菌と加熱処理したS型菌を混ぜて注射した。

●**結果**　マウスは肺炎をおこして死に，その体内からは生きたS型菌が検出された。

●**考察**　グリフィスは，加熱処理したS型菌に含まれる物質が，R型菌にうつり，R型菌がS型菌に変化したと考えた。このように外部から加えた物質によって形質が変わることを**形質転換**という。

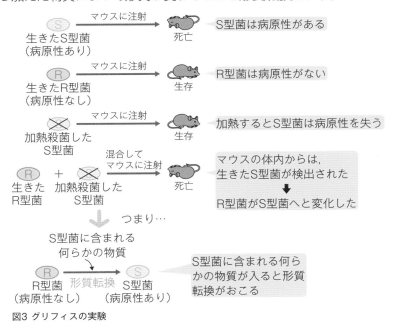

図3 グリフィスの実験

2 エイブリーらの実験

　エイブリー（アメリカ）らは「形質転換の原因物質はDNAである」ことを発見しました。R型菌に混ぜるS型菌の抽出液をタンパク質分解酵素で処理しても，S型菌への形質転換はおこりましたが，DNA分解酵素で処理すると，形質転換はおこりませんでした。

●**実験**　S型菌をすりつぶした抽出液を用意し，次の3パターンにわけてから，それぞれをR型菌に混ぜてシャーレで培養した。
　①無処理（DNA・タンパク質あり）
　②DNA分解酵素で処理（DNAなし，タンパク質あり）
　③タンパク質分解酵素で処理（DNAあり，タンパク質なし）

●**結果と考察**

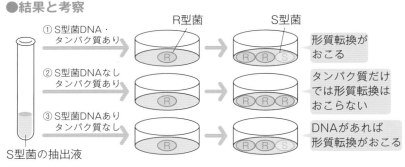

図4 エイブリーらの実験

　①S型菌のDNA・タンパク質があると形質転換がおこる
　　→DNAかタンパク質のどちらかが形質転換をおこす物質である
　②S型菌のDNAがなく，タンパク質があると形質転換はおこらない
　　→形質転換がおこるにはDNAが必要
　③S型菌のDNAがあり，タンパク質がないと形質転換がおこる
　　→DNAがあるので形質転換がおこる
　　→形質転換にタンパク質は関係なし

　形質転換は，タンパク質ではなくDNAがおこしたことを示唆した。

　DNAが入ると形質（見た目）が変わる＝形質を決めているのはDNA

❸ ハーシーとチェイスの実験

　ハーシーとチェイス（ともにアメリカ）は，T₂ファージという
ウイルスを用いた実験で，「遺伝子の本体はDNAである」ことを
明らかにしました。グリフィスやエイブリーらの実験を経て，遺伝
子の本体がDNAであることを強く示唆していましたが，親から子
に伝わる物質を見つけてはいませんでした。

●**概要**　T₂ファージは大腸菌に寄生して増殖するウイルス。頭部
にDNAがあり，頭部の殻と尾部はタンパク質からできている。実
験の結果，遺伝子の本体がDNAであることがわかった。

●**実験**　T₂ファージのDNAとタンパク質にそれぞれ異なる標識を
つけて大腸菌に感染させた。

●**結果**　T₂ファージはDNAのみを大腸菌に侵入させた。さらに感
染した大腸菌から多数の子ファージがつくられた。子ファージは親
ファージの標識したDNAをもっていた。

●**考察**　親から子にはDNAが伝わり，遺伝子の本体がDNAであ
ることが明らかになった。

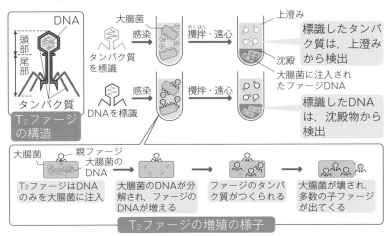

図5　ハーシーとチェイスの実験

4 ミーシャの実験

患者の膿（うみ）にDNAが含まれていることを発見しました。

5 シャルガフの実験

いろいろな生物のDNAを調べ，生物の種類によって，含まれているA，T，G，Cの割合に違いはあるが，どの生物でもAとT，GとCの数の比がそれぞれ1：1であることを発見しました。

例題 ある生物のDNAの塩基組成を調べたところ，グアニンの割合は26％であった。この生物のDNAにおけるチミンの割合を求めよ。

①　12％　　②　22％　　③　24％　　④　28％　　⑤　44％

⑥　48％　　⑦　52％

特にことわりがない場合，DNAは2本鎖であると考える。シャルガフの規則により，AとT，GとCの数の比は等しい。Gの割合が26％なので，「G＝C」よりCの割合も26％である。A＋T＋G＋C＝100％なので，A＋T＝48％である。「A＝T」なので，Tは24％…③　**24％**

6 ウィルキンスとフランクリンの実験

X線をつかって，DNAがらせん構造をもつことを示しました。

7 ワトソンとクリックの発見

シャルガフやウィルキンスとフランクリンの研究結果をもとに，DNAの二重らせん構造のモデルを提唱しました。

1

遺伝子の本体

4 DNAの抽出実験

　DNAの抽出実験では，材料として入手しやすく，析出するDNA量の多さから，ブロッコリーや鶏レバーなどを用いることが多いです。共通テストでは頻出の実験なので，ここで実験の手順をおさえておきましょう。

実験手順

手順 ❶ ビーカーに食塩，中性洗剤，水を加えて攪拌し，これをDNA抽出液とする。

手順 ❷ ブロッコリーのつぼみを乳棒ですりつぶし，❶のDNA抽出溶液を加える。5〜10分間放置した後，静かに中身を茶こしでろ過する。

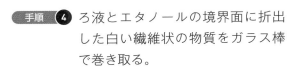

手順 ❸ 冷凍庫で冷やしたエタノールを❷で得たろ液に加える。放置しておくと白い繊維状の物質が浮き上がってくる。この物質がDNAである。

手順 ❹ ろ液とエタノールの境界面に析出した白い繊維状の物質をガラス棒で巻き取る。

手順 ❺ 酢酸オルセイン溶液などで確認する。

過去問にチャレンジ

次の文章を読み，下の問いに答えよ。

　20世紀になって　ア　に遺伝子が存在するという説が提唱されて以降，遺伝子の本体が何であるかについて，議論がなされてきた。　ア　の主な構成物質はDNAと　イ　であるが，<u>さまざまな研究によって，遺伝子の本体がDNAであることが証明された。</u>DNAは，ヌクレオチドと呼ばれる構成単位が，鎖状に結合した高分子化合物である。

（センター試験）

問1　上の文章中の　ア　・　イ　に入る語の組み合わせとして最も適当なものを，次の①〜⑥のうちから一つ選べ。

	ア	イ
①	細胞膜	炭水化物
②	細胞膜	タンパク質
③	細胞壁	炭水化物
④	細胞壁	タンパク質
⑤	染色体	炭水化物
⑥	染色体	タンパク質

問2　下線部に関して，過去の研究者らによって得られた研究成果のうち，形質の遺伝を担う物質がDNAであることを明らかにした成果として適当なものを，次の①〜⑥のうちから二つ選べ。ただし，解答の順序は問わない。

① 　研究者Aは，白血球の核などを多量に含む傷口の膿に，リンを多く含む物質が存在することを発見した。

② 　研究者Bらは，病原性のない肺炎双球菌に対して，病原性を有する肺炎双球菌の抽出物(病原性菌抽出物)を混ぜて培養すると，病原性のある菌が出現するが，DNA分解酵素によっ

て処理した病原性菌抽出物を混ぜて培養しても，病原性のある菌が出現しないことを示した。

③　研究者Cらは，いろいろな生物のDNAについて調べ，アデニンとチミン，グアニンとシトシンの数の比が，それぞれ1：1であることを示した。

④　研究者Dらは，DNAの立体構造について考察し，2本の鎖がらせん状に絡み合って構成される二重らせん構造のモデルを提唱した。

⑤　研究者Eは，エンドウの種子の形や，子葉の色などの形質に着目した実験を行い，親の形質が次の世代に遺伝する現象から，遺伝の法則性を発見した。

⑥　研究者Fらは，バクテリオファージ(T_2ファージ)を用いた実験において，ファージを細菌に感染させた際に，DNAだけが細菌に注入され，新たなファージがつくられることを示した。

問1　遺伝子の本体であるDNAは染色体上にある。また，染色体はDNAとタンパク質からできている。よって，　答え　⑥

問2　形質の遺伝を担う物質（＝遺伝子）がDNAであることを示したのはグリフィス，エイブリー（研究者Bらに対応），ハーシーとチェイス（研究者Fらに対応）の実験である。それぞれの選択肢の内容はすべて正しいが，問題は「形質の遺伝を担う物質（＝遺伝子）がDNAであることを明らかにした」とあるので，　答え　②と⑥

　　共通テストでは問題をしっかり読み，何が問われているかを把握して解くようにしよう。ちなみに，①はミーシャ，③はシャルガフ，④はワトソンとクリック，⑤はメンデルである。DNAに関する研究は共通テストで頻出内容なので，各研究者の功績はしっかりと覚えておこう。

THEME

2 DNAの複製

ここで
きめる！

- 📖 DNA の半保存的複製の流れ（過程）をおさえよう。
- 📖 細胞周期の中で，細胞１個あたりの DNA 量は変化するよ。変化の考え方とグラフの読み取りができるようになろう。
- 📖 体細胞分裂の流れをイメージできるようになろう。

2

DNAの複製

1 半保存的複製

❶ DNAの複製

　私たち人間の体は，もともと1つの受精卵が**体細胞分裂**をくり返すことで約37兆個の細胞に成長します。この体を構成する細胞はすべて同じ遺伝情報をもっています（ただし，精子や卵などの生殖に関わる細胞は別です）。これは，細胞が分裂するときに，分裂前の母細胞から，それぞれの娘細胞に同じ遺伝情報が分配されるからです。

　このように，**もとのDNAと同じ塩基配列をもつDNAが合成されることを複製**といいます。

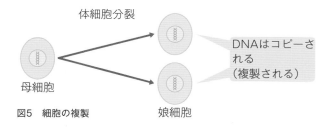

体細胞分裂

母細胞

DNAはコピーされる
（複製される）

図5　細胞の複製　　　娘細胞

DNAが複製されることは原核生物，真核生物ともに
すべての生物で共通しているんだよ。覚えておこう。

② DNAの半保存的複製の流れ

DNAは前の情報を半分保存しながら新たに複製されます。 このような複製プロセスをDNAの**半保存的複製**と呼びます。実験的には，メセルソンとスタールによって証明されました。

●DNAの複製の流れ

①もととなるDNA（＝鋳型（いがた）という）の二重らせんがほどけて各々1本鎖になる。

②各々の鎖に対して，相補的な塩基をもつヌクレオチドが弱く結合する。鋳型の鎖のAにはT（TにはA）が，GにはC（CにはG）が次々に結合していく。

③隣り合ったヌクレオチドがDNAポリメラーゼという酵素のはたらきにより結合していく。

④新しくできた2本鎖DNAの塩基配列がもとのDNAと同じになっている。（＝前の情報を半分残している→DNAは前の情報を半分保存して複製される）

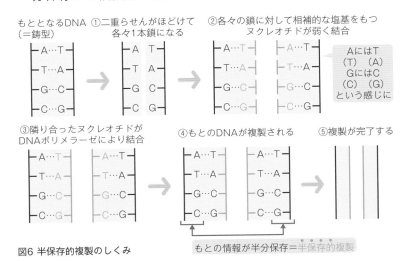

図6 半保存的複製のしくみ

2 細胞周期とDNA量の変化

1 細胞周期とは

　ヒトなどの多細胞生物の体をつくっている細胞は**体細胞分裂**で増えます。細胞分裂が終わって，次の分裂を終えるまでの過程を**細胞周期**といいます。

　細胞周期は実際に分裂を行う**分裂期**（M期）と，分裂のための準備をする**間期**があり，この**間期にDNAが複製されます**。さらに，**間期はDNA合成の準備を行うG₁期（DNA合成準備期），実際にDNAの複製を行うS期（DNA合成期），そして分裂の準備を行うG₂期（分裂準備期）にわけられます。**

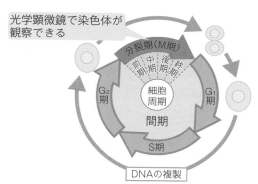

図7 細胞の分裂と細胞周期

2 細胞周期とDNA量の関係

　体細胞分裂で増えた細胞1個あたりのDNA量は，分裂前も分裂後も同じです。これは間期のS期でDNAの複製を行い，分裂期に2つの細胞に均等に分配しているからです。細胞周期にともなって，細胞1個あたりのDNA量は図8のように変化します。**S期でDNA量が2倍になり，G₂期を経て分裂期に入ります。分裂期で細胞が分裂すると，細胞あたりのDNA量は半分になります。**

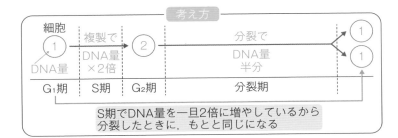

考え方

S期でDNA量を一旦2倍に増やしているから
分裂したときに，もとと同じになる

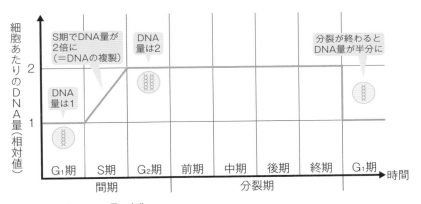

図8　細胞周期とDNA量の変化

このグラフの読み取りは重要だよ。図8のようなグラフは
教科書にも載ってるからわかりやすいけど，縦軸が「細胞
数」，横軸が「細胞あたりのDNA量」のグラフから細胞周
期の時期を求めさせる問題もある。グラフでは，**まずは，
縦軸と横軸の名前をチェックしよう。**

POINT

DNA量の変化のグラフの読み取り方

「時間とDNA量の変化のグラフ」の考え方は，

S期（複製）でDNA量×2倍　→　グラフだと

分裂でDNA量は半分　→　グラフだと

考え方とグラフの形はしっかり覚えておこう。

3　体細胞分裂

1 体細胞分裂の過程

　体細胞分裂は各細胞の図，特に染色体の図が重要です。各段階の特徴をおさえておきましょう。

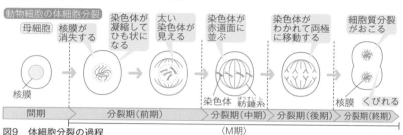

図9　体細胞分裂の過程

POINT 　**体細胞分裂の過程**

間期：核膜が存在し，DNAの複製が行われる。
前期：核膜・核小体が消失し，凝縮した太い染色体が現れる。
中期：染色体が赤道面に並ぶ。
後期：染色体が両極に移動する。
終期：動物では赤道面でくびれ
　　　　が生じ，植物では赤道面
　　　　に細胞板が生じることで
　　　　細胞質分裂がおこる。

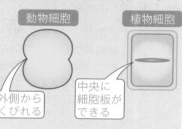

動物細胞　外側からくびれる
植物細胞　中央に細胞板ができる

COLUMN

　この体細胞分裂の過程，僕は授業で指あそびで教えている。これが意外と頭に入りやすいので，参考にしてみてほしい。

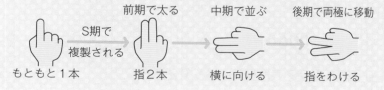

もともと1本　　S期で複製される　　前期で太る　指2本　　中期で並ぶ　横に向ける　　後期で両極に移動　指をわける

共通テストは実験・観察などの思考力が求められるので、このあとの分裂にかかる時間の求め方や、観察の仕方などは要チェックだよ。

② 体細胞分裂にかかる時間

タマネギの根の先端では、さかんに体細胞分裂が行われており、体細胞分裂の観察に適しています。これらの細胞の集団を顕微鏡で観察すると、すべての細胞が同じ時期にあるわけではなく、細胞周期の様々な段階の細胞を観察することができます。**細胞がランダムに分裂している場合、細胞周期における各時期の時間の長さは、全細胞数における各時期の細胞数に比例します。よって、細胞周期を求めて、視野にある各時期の細胞数を測定すると、その時期の時間を計算することができます。**

細胞周期の時間（全体の時間）：T、各時期の時間：t、全細胞数：N、各時期の細胞数：n　とおくと、次の式が成り立ちます。

細胞周期の時間	：全細胞数	＝	各時期の時間	：各時期の細胞数
T	： N	＝	t	： n

 例題 細胞周期が24時間で全細胞数が1000個、分裂期の細胞が200個とした場合、分裂期にかかる時間を求めよ。

細胞周期の時間：全細胞数＝分裂期の時間：分裂期の細胞数
　　　　（T）　　　（N）　　　（t）　　　　（n）

$$24時間 : 1000個 = t : 200個$$
$$t = (24 \times 200) \div 1000 = \textbf{4.8時間}$$

③ 体細胞分裂の観察過程

タマネギの根端を使った体細胞分裂の観察は，**固定→解離→染色→押しつぶし**の順で行います。

手順 ① タマネギの根を先端から１〜３cmのところで切り取り，**５〜10℃の固定液に５〜10分浸します。**
［固定液：45%酢酸　または　カルノア液］
※カルノア液とは無水エタノールと氷酢酸が３：１の混合液
➡細胞を生きているときに近い状態に保ちます（**固定**）。

❶ タマネギ
根の先端
１〜３cm
固定液

手順 ② 固定した根の先端を，**約60℃の希塩酸に１〜３分浸します。**
［希塩酸：３〜４%］
➡細胞どうしを結合させているペクチンという物質を溶かすことによって細胞どうしを離れやすくします（**解離**）。

❷
60℃のお湯
希塩酸

手順 ③ 根の先端を洗ってスライドガラスの上に取り，**酢酸オルセイン（または酢酸カーミン）溶液を１〜２滴落とし**，５〜10分間放置します。
➡染色体を赤色に染めて観察しやすくします（**染色**）。

❸
酢酸オルセイン溶液
スライドガラス

手順 ④ **カバーガラスをかけ，ろ紙をかぶせてその上から親指の腹で押します。**
➡細胞どうしが重ならないよう，押し広げて一層にします
（**押しつぶし**）。

❹
ろ紙

手順 ⑤ 光学顕微鏡で観察します。

POINT　**体細胞分裂の観察手順**

固定：固定液（45％酢酸（またはカルノア液））に浸して，細
　　　胞の生命活動を停止させる。

解離：60℃に温めた希塩酸で細胞どうしの接着をゆるめる。

染色：酢酸オルセイン（または酢酸カーミン）溶液を1〜2滴
　　　加え，核や染色体を赤色に染色する。

押しつぶし：親指でカバーガラスの上から押しつぶし，細胞
　　　を一層に広げる。

予想問題にチャレンジ

次の文章を読み，下の問いに答えよ。

発根させたタマネギを用い，次の操作で体細胞分裂の顕微鏡観察を行った。

操作(1)　根の先端部を2cm程度のところで切り取る。

操作(2)　根端を　A　に約10分以上浸す。

操作(3)　(2)の根端を60℃に温めた　B　に1〜3分浸す。

操作(4)　(3)の根端を十分に水洗いし，スライドガラスにのせ，先端から2〜3mmほど残し切断して他は捨てる。

操作(5)　　C　を滴下する。

操作(6)　カバーガラスをかけ，ろ紙で挟んで強く押しつぶす。

操作(7)　顕微鏡で観察する。

操作(8)　一枚のプレパラートの中で観察した結果を下表にまとめた。

表　細胞分裂の各時期の細胞数

	間期	前期	中期	後期	終期
細胞数	270	25	3	1	1

(大東文化大学 / 改)

問1　文中の　A　〜　C　にあてはまる液体として最も適するものを①〜⑥からそれぞれ一つ選べ。

①　酢酸オルセイン溶液　　②　45％酢酸　　③　4％硫酸

④　4％塩酸　　⑤　40％硝酸　　⑥　蒸留水

問2　操作(2)，(3)，(5)を行う理由として最も適当なものを，次の①〜④のうちからそれぞれ一つ選べ。

①　染色体を染色し，観察しやすくする。

②　細胞の重なりをなくし，観察しやすくする。

③　細胞分裂を止め，生きた状態に近いまま保存する。

④　細胞どうしの結合をゆるめ，ばらばらに離れやすくする。

問3　ある時期の長さは，各時期の細胞数から計算することが
できる。20℃における細胞周期の長さは19.3時間であった。
そこで，表の各時期の細胞数から，分裂期と前期の時期の長
さを求め，最も適当なものを①～⑦からそれぞれ一つ選べ。

①　1.21　　②　1.35　　③　1.48　　④　1.61
⑤　1.76　　⑥　1.82　　⑦　1.93

問1

操作(2)は**固定**なので，45％酢酸である。よって，　答え　②

操作(3)は**解離**なので，4％塩酸である。よって，　答え　④

操作(5)は**染色**なので，酢酸オルセイン溶液である。よって，
答え　①

問2

操作(2)では，酢酸で生命活動を停止させている。よって，
答え　③

操作(3)では，塩酸で細胞どうしの結合をゆるめている。よって，
答え　④

操作(5)では，酢酸オルセイン溶液で染色体を染色している。よっ
て，答え　①

問3　分裂にかかる時間は細胞数に比例するので，本問での式は

細胞周期の時間：全細胞数　＝　分裂期の時間：分裂期の細胞数

19.3時間　：　300個　＝　分裂期の時間：30個

分裂期の時間＝1.93時間　よって，　答え　⑦

細胞周期の時間：全細胞数　＝　前期の時間：前期の細胞数

19.3時間　：　300個　＝　前期の時間：25個

前期の時間＝1.60833時間≒1.61時間　よって，　答え　④

3 | 遺伝情報の発現

ここで
きめる！

- 📘 タンパク質はさまざまな生命活動を支えている物質だよ。
- 📘 DNA の情報が転写されて RNA になり，翻訳されてタンパク質が合成されるよ。
- 📘 RNA と DNA の違いをおさえよう。RNA を構成する塩基は T ではなく U，糖はリボース，そして，1 本鎖だよ。

　タンパク質は，体をつくったり，体の化学反応に関係したり，エネルギー源になったりと，体の中でさまざまなはたらきをする物質です。タンパク質と聞くと，お肉を連想する人もいると思いますが，実際，体の中では水の次に多く含まれている重要な物質です。

タンパク質は，DNAにある遺伝子の情報をもとにつくられます。

1 タンパク質

1 タンパク質とは

　タンパク質は多数の**アミノ酸**が鎖上につながってできています。この**アミノ酸は約20種類存在**し，このアミノ酸の並び方を**アミノ酸配列**といいます。

アミノ酸 — ① ② ③ ④

タンパク質A ① ③ ② ④

タンパク質B ② ① ④ ③

タンパク質C ③ ④ ② ①

アミノ酸配列が
異なると違う
タンパク質になる

図10　アミノ酸とタンパク質

アミノ酸が約20種類ってことは，タンパク質の種類は……

アミノ酸の種類や並び方，総数が違うと別のタンパク質になる。だから，タンパク質はめっちゃ種類が多いんだよ。

❷ タンパク質の役割

タンパク質はさまざまな生命活動を支えており，ヒトの体内でもそれぞれ特定の機能をもっています。

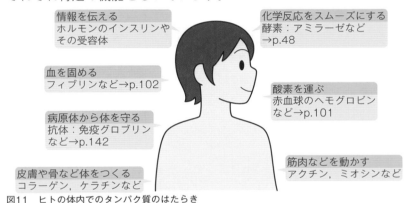

情報を伝える
ホルモンのインスリンや
その受容体

化学反応をスムーズにする
酵素：アミラーゼなど
→p.48

血を固める
フィブリンなど→p.102

酸素を運ぶ
赤血球のヘモグロビン
など→p.101

病原体から体を守る
抗体：免疫グロブリン
など→p.142

筋肉などを動かす
アクチン，ミオシンなど

皮膚や骨など体をつくる
コラーゲン，ケラチンなど

図11　ヒトの体内でのタンパク質のはたらき

2　タンパク質の合成

アルファベットは26文字の組み合わせで言葉がつくられますが，**生物はDNAの4個の塩基という文字の組み合わせで，さまざまなタンパク質をつくります**。DNAは，いわばタンパク質の"設計図"なのです。

❶ タンパク質の合成の全体像

タンパク質の合成は，**転写**と**翻訳**という手順を踏んで行われます。

転写とは，**DNAから遺伝情報が写し取られ，RNAという物質がつくられる過程**です。翻訳とは，その**RNAの遺伝情報がアミノ酸配列に訳される過程**です。

$$\overset{\text{転写}}{\text{DNA} \longrightarrow} \overset{\text{翻訳}}{\text{RNA} \longrightarrow} \text{タンパク質}$$

　このような遺伝情報が一方向に流れる原則を**セントラルドグマ**といいます。この**一連の流れは全生物共通**です。

② RNA

　RNA（リボ核酸）は，DNAと同様に多数のヌクレオチドがつながってできています。DNAとの違いは，①**RNAのヌクレオチドを構成する糖は，リボースという糖**であること，②**塩基にはチミン（T）がなく**，アデニン（A），グアニン（G），シトシン（C）と**ウラシル（U）であること**，③１本のヌクレオチド鎖でできていること，の３点です。

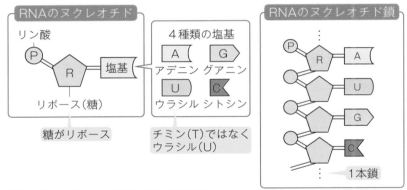

図12　RNAのヌクレオチドとヌクレオチド鎖

　RNAには，転写ではたらく**mRNA**（伝令RNA）や，翻訳ではたらく**tRNA**（転移RNA・運搬RNA）などの種類があります。

表2 RNAの種類とそのはたらき

RNAの種類	はたらき
mRNA（伝令RNA）	転写ではたらくRNA。DNAの遺伝情報を写し取って，アミノ酸の種類と配列を指定する。
tRNA（転移RNA・運搬RNA）	翻訳ではたらくRNA。細胞質内のアミノ酸と結合し，mRNAの塩基配列に対応するアミノ酸を運ぶ。

	糖	塩基	鎖の数
DNA	デオキシリボース	A(アデニン), T(チミン), G(グアニン), C(シトシン)	2本鎖
RNA	リボース	A(アデニン), U(ウラシル), G(グアニン), C(シトシン)	1本鎖

POINT **DNAとRNAの違い**

この違いはよく出題されるから，しっかり覚えておこう！

③ 転写（DNA→RNA）

核内で，DNAの遺伝情報をmRNAに写し取る過程は，次のような流れになります。

① DNAの2本鎖の塩基対間の結合が切れ，部分的に1本鎖になります。

② 1本になったDNA鎖のうち，鋳型となるほうがmRNAに写し取られます。この**鋳型となるDNAの塩基配列に対して，AにはU，TにはA，GにはC，CにはGというように，"相補的"に塩基配列が写し取られてmRNAが合成**されます。

③ mRNAは翻訳へと移行します。

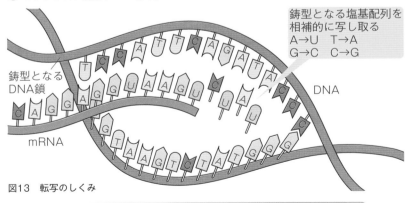

鋳型となる塩基配列を
相補的に写し取る
A→U　T→A
G→C　C→G

鋳型となる
DNA鎖

DNA

mRNA

図13　転写のしくみ

転写のときは，アデニン(A)に相補的な塩基が，チミン(T)ではなくウラシル(U)になることに注意しよう。

④ 翻訳（RNA→タンパク質）

　mRNA に伝えられた情報をアミノ酸に訳していく翻訳の過程は，次のような流れになります。

①核外に出た**mRNA の塩基配列のうち，３つの塩基の並びが１つのアミノ酸を指定します**。この"mRNA"の３つの塩基の並びを**コドン**といいます。

②コドンと相補的な３つの塩基の並び**（アンチコドン）をもつtRNA が，アミノ酸を運んできます。このtRNAのアンチコドンが，相補的なmRNAのコドンと結合します。**

③アミノ酸が次々とつながり，タンパク質が合成されます。

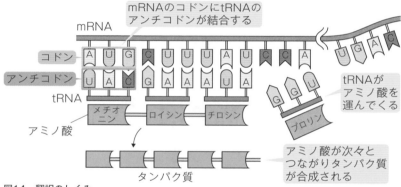

図14　翻訳のしくみ

コドンとアンチコドンはどっちがどっちかわからなくなりそうですね。

mRNAのほうがコドンだよ。そして，アンチ（anti-）は反対という意味を表すから，コドンの反対にあるということで，tRNAのほうがアンチコドンなんだ。

3　遺伝暗号表

　遺伝暗号表には，どのコドンがどのアミノ酸に対応するかがまとめられています。

　例えばコドンがCAUなら，1番目の塩基：C，2番目の塩基：A，3番目の塩基：Uのところを見て，対応するアミノ酸はヒスチジンであることがわかります。

　また，**翻訳の開始を指定するコドンを開始コドンといい，AUGが対応**しています。これはメチオニンのコドンでもあります。さらに，**UAA・UGA・UAGは終止コドンといわれ，アミノ酸を指定しておらず，翻訳を終了させます。**

　コドンは64種類あるけれど，アミノ酸に対応するコドンは61種類です。

表3　遺伝暗号表

	2番目の塩基								
		U		C		A		G	
1番目の塩基	U	UUU UUC フェニルアラニン UUA UUG ロイシン		UCU UCC UCA UCG セリン		UAU UAC チロシン UAA UAG 終止コドン		UGU UGC システイン UGA 終止コドン UGG トリプトファン	U C A G
	C	CUU CUC CUA CUG ロイシン		CCU CCC CCA CCG プロリン		CAU CAC ヒスチジン CAA CAG グルタミン		CGU CGC CGA CGG アルギニン	U C A G
	A	AUU AUC イソロイシン AUA （開始コドン） AUG メチオニン		ACU ACC ACA ACG トレオニン		AAU AAC アスパラギン AAA AAG リシン		AGU AGC セリン AGA AGG アルギニン	U C A G
	G	GUU GUC GUA GUG バリン		GCU GCC GCA GCG アラニン		GAU GAC アスパラギン酸 GAA GAG グルタミン酸		GGU GGC GGA GGG グリシン	U C A G
									3番目の塩基

この遺伝暗号はすべての生物種の間で基本的には共通している。これはすべての生物が共通の祖先から進化してきた証拠として考えられているんだ。

そうなんですね。なんか，ロマンがあります。

あと，一つのアミノ酸に対して，複数のコドンがあるということも知っておこう。

タンパク質合成の全体像をまとめると，次のようになります。

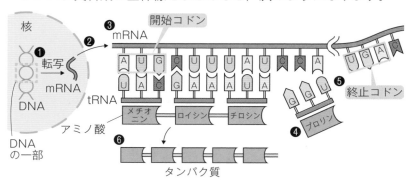

図15　タンパク質合成の全体像

❶DNAからmRNAが転写される
❷mRNAが核膜孔から核外へ
❸開始コドンから翻訳が開始される
❹tRNAがアミノ酸を運ぶ
❺終止コドンで翻訳が終わる
❻アミノ酸がつながったタンパク質ができる

遺伝暗号表を覚える必要はないけれど，コドンからど
のアミノ酸になるかは読み取れるようになっておこう。

過 去 問 にチャレンジ

次の文章を読み，下の問いに答えよ。

　タンパク質は，生体内でDNAの遺伝情報に基づいて合成される。このとき，RNAは両者を橋渡しする役割を担う。DNAとRNAはともに塩基を含むが，それぞれを構成する塩基の種類は一部が異なる。DNAの遺伝情報はmRNAに　ア　される。mRNAの情報にしたがって，　イ　と呼ばれる過程によってタンパク質が合成される。

（センター試験）

問1　上の文章中の　ア　・　イ　に入る語の組み合わせとして最も適当なものを，次の①〜⑥のうちから一つ選べ。

	ア	イ
①	複　製	翻　訳
②	複　製	転　写
③	翻　訳	複　製
④	翻　訳	転　写
⑤	転　写	複　製
⑥	転　写	翻　訳

問2　次の図のようにDNAの二重らせんの片方の鎖の塩基の並びが「ATGTA」のとき，この配列に相補的な「DNAの塩基配列」と「RNAの塩基配列」として最も適当なものを，次の①〜⑨のうちからそれぞれ一つずつ選べ。ただし，同じものをくり返し選んでもよい。

相補的な塩基配列

① AUGUA   ② UACAU   ③ GCUCG

④ UGAGU   ⑤ ATGTA   ⑥ TACAT

⑦ GCTCG   ⑧ TAUAT   ⑨ CGAGC

問3　下線部に関連する記述として最も適当なものを，次の①〜⑤のうちから一つ選べ。

①　同じ個体でも，組織や細胞の種類によって合成されるタンパク質の種類や量に違いがある。

②　食物として摂取したタンパク質は，そのまま細胞内に取り込まれ，分解されることなく別のタンパク質の合成に使われる。

③　タンパク質はヌクレオチドが連結されてできている。

④　DNAの遺伝情報がRNAを経てタンパク質に一方向に変換される過程は，形質転換と呼ばれる。

⑤　mRNAの塩基三つの並びが，一つのタンパク質を指定している。

問1

　DNAの遺伝情報はmRNAに**転写**される。転写されて合成されたmRNAの情報にしたがい，**翻訳**と呼ばれる過程によってタンパク質が合成される。

　よって，　答え　⑥

問2

　DNAはそれぞれの鎖の塩基AにはT（TにはA），GにはC（CにはG）のように相補的に結合している。ゆえに，ATGTAに相補的な塩基配列はTACATとなる。よって，　答え　⑥

　またDNAのATGTAの塩基配列をもとにRNAへの転写も相補的に行われるが，AにはTではなくUが結合する。ゆえに，UACAUとなる。よって，　答え　②

問3

①　細胞の核には全遺伝情報が存在するが，細胞ごとに発現する遺伝子が異なるのでタンパク質の種類や量が異なり，細胞がそれぞれ特定の形やはたらきをもつ。よって正しい。（→p.94）

②　食物として摂取したタンパク質は，消化管の消化酵素で分解されるので，そのまま細胞内に取り込まれることはない。よって誤り。

③　タンパク質はアミノ酸が多数連結したものである。よって誤り。

④　DNAの遺伝情報がRNAを経てタンパク質に一方向に変換される過程は，セントラルドグマと呼ばれる。よって誤り。

⑤　mRNAの塩基三つの並び（コドン）が，一つのアミノ酸を指定している。よって誤り。

　答え　①

THEME

4 遺伝子とゲノム

ここで
きめる!

📖 遺伝子と DNA と染色体の関係を整理しよう。
📖 ゲノムの特徴を理解しよう。
📖 細胞は，同じ遺伝情報をもつが，組織や器官によってはたらく遺伝子が異なり，特定の形やはたらきをもつ細胞に変化するよ。

4

遺伝子とゲノム

1 遺伝子・DNA・染色体の関係

　ヒトの核の中に入っているDNAの長さはどれくらいなのでしょうか。細胞の大きさは，たった10μm(0.01mm)ほどしかないのですが，その小さい細胞の核の中に入っているDNAの長さは，実に1.8～2.0mもあるのです。ミシンの長い糸もボビン(糸巻き)に巻き付けるとコンパクトになるのと同じイメージです。**DNAはヒストンというタンパク質に巻き付いてコンパクトになり，染色体を形成して核内に収納されています。**

　THEME3で，DNAは「タンパク質の設計図」と説明しましたが，さらに細かくいうと，遺伝子が１枚の設計図，この設計図を集めたものがDNA，この集まりを本にしたものが染色体というイメージです。染色体は，体づくりに必要な設計図をまとめた「体づくりの本」と整理しておきましょう。

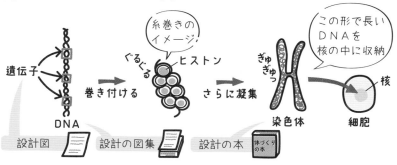

2 ゲノム

ゲノム (genome) とは、「遺伝子」を表す「gene」に「すべて」を表す「〜ome」を組み合わせた言葉です。つまり、**ゲノムは「全遺伝子（全遺伝情報）」** という意味であると理解できます。

① 相同染色体とゲノム

私たちヒトは、1個の体細胞に同じ大きさと形の染色体を2本ずつもっています。この対になる染色体を**相同染色体**といいます。この相同染色体は、ヒトの場合46本あり、23本は父親由来、23本は母親由来の染色体です。この体づくりに関係する父親由来、もしくは母親由来の1セットが**ゲノム**です。

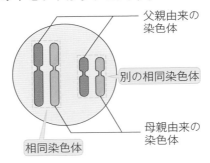

父親由来の
染色体

別の相同染色体

母親由来の
染色体

相同染色体

図16　相同染色体

有性生殖では、父親と母親の受精によって増える。このとき、父親と母親から、それぞれ体づくりの本を1セットずつもらうってイメージだよ。

だから父親と母親に似るんですね。

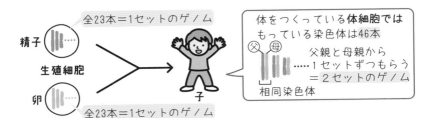

全23本＝1セットのゲノム

精子

生殖細胞

卵

全23本＝1セットのゲノム

子

体をつくっている**体細胞**ではもっている染色体は46本

父親と母親から
……1セットずつもらう
＝2セットのゲノム

相同染色体

② ゲノムと遺伝子の関係

　　ゲノムは全遺伝情報のことであり，生物が自ら形成・維持するのに必要な1組の遺伝情報ともいえます。ヒトの場合は約30億塩基対(＝約60億個の塩基)で，遺伝子の数は約2万個です。ゲノムとしてタンパク質の情報をもつ領域は，DNAの全塩基配列の約1〜2%程度にすぎません。

　　ゲノムに含まれる塩基対の数をゲノムサイズといい，生物によってゲノムサイズや遺伝子の数は異なります。

　　ある生物のゲノムを解読しようとする研究をゲノムプロジェクトといいます。現在ではさまざまな生物のゲノムサイズや遺伝子数がわかっています。

　　ヒトのゲノムを調べたところ，約99.9%の塩基配列がすべてのヒトで共通でした。一方で，残る約0.1%においては塩基配列のうちの特定の位置の塩基が，個人によって異なっていることがわかりました。

表4　生物のゲノムサイズと遺伝子数

生物名	大腸菌	酵母	ショウジョウバエ	イネ	ヒト
ゲノムサイズ	約500万	約1200万	約1億6500万	約4億	約30億
遺伝子数	約4500	約7000	約14000	約32000	約20000

真核生物では全体のDNAのうち一部しか遺伝子として使っていないけど，原核生物ではほとんどのDNAを遺伝子として使っているんだよ。

③ 細胞の遺伝子発現

　　体細胞は全遺伝情報をもっています。それなのに，なぜ赤血球，筋肉の細胞，皮膚の細胞，眼の水晶体細胞など，細胞ごとに形やはたらきが異なるのでしょうか。その理由は，**細胞ではすべての遺伝子が常にはたらいているのではなく，組織や器官によってはたらく遺伝子が異なっている**からです。**細胞が特定の形(形態)やはたらき(機能)をもつように変化することを**分化といいます。

核の中には体づくりの本が入っていて，細胞ごとに開くページが異なることで，細胞が分化するというイメージだね。

発現する遺伝子

受精卵 ── 分化 ─→

赤血球 → ヘモグロビンの遺伝子

皮膚の細胞 → コラーゲン（ケラチン）の遺伝子

筋肉の細胞 → ミオシン（アクチン）の遺伝子

全遺伝情報をもつ

表5　分化した細胞の遺伝子の発現

細胞名	発現している遺伝子
赤血球	ヘモグロビン遺伝子
筋肉の細胞	ミオシン遺伝子（アクチン遺伝子）
皮膚の細胞	コラーゲン遺伝子（ケラチン遺伝子）
水晶体の細胞	クリスタリン遺伝子
すい臓の細胞	インスリン遺伝子

過去問 にチャレンジ

次の文章を読み，下の問いに答えよ。

遺伝情報を担う物質として，どの生物もDNAをもっている。それぞれの生物がもつ遺伝情報全体を<u>ゲノム</u>と呼び，動植物では生殖細胞に含まれる一組の染色体を単位とする。

（センター試験）

下線部に関する記述として最も適当なものを，次の①〜⑤のうちから一つ選べ。
① ヒトのどの個々人の間でも，ゲノムの塩基配列は同一である。
② 受精卵と分化した細胞とでは，ゲノムの塩基配列が著しく異なる。
③ ヒトのゲノム全体の約10％が遺伝子としてはたらく部分と推定されている。
④ ゲノムの大きさ(塩基対数)は，生物種に関わらず同じである。
⑤ 神経の細胞と肝臓の細胞とで，ゲノムから発現される遺伝子の種類は大きく異なる。

① 99.9％の塩基配列がすべての人で共通であるが，残る0.1％が個人によって異なっている。よって，誤り。
② 受精卵も分化した細胞もゲノムの塩基配列は同じであるが，発現している遺伝子が異なる。よって，誤り。
③ ヒトのゲノム全体の約1.5％が遺伝子としてはたらく部分と推定されている。よって，誤り。
④ ゲノムの大きさ(塩基対数)は，生物種によって大きく異なる。よって，誤り。
⑤ 各細胞がもつゲノムは同じであるが，発現する遺伝子が異なるのでさまざまな細胞に分化する。よって，正しい。

答え ▶ ⑤

SECTION

体内環境

THEME

1　体内環境と体液

2　自律神経系による体内環境の維持

3　ホルモンによる体内環境の維持

4　血糖濃度の調節

5　免疫

6　免疫と医療

🖐SECTION3で学ぶこと

　SECTION 3は知識の応用が重要です。体内環境の維持にはたらくホルモンは多くの種類がありますが，種類やはたらきだけを暗記するのではなく，体内環境が維持されるしくみを理解しておきましょう。また，免疫の分野でも全体像を把握し，一つひとつの反応で何がおこるかまでおさえておきましょう。

ここが問われる！

血液中のホルモン量はフィードバックのしくみによって調節されている！

　ホルモンは，体内環境の維持に重要なはたらきを示します。血液中のホルモンの量はフィードバックというしくみで調節されています。フィードバックとは，最終産物が前の段階にもどって作用を及ぼすことであり，このしくみによって血糖濃度の調節などがなされています。

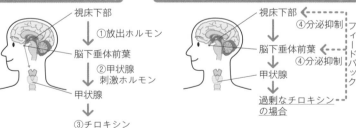

チロキシンの分泌調節

視床下部
↓①放出ホルモン
脳下垂体前葉
↓②甲状腺刺激ホルモン
甲状腺
↓③チロキシン

チロキシンによる負のフィードバック調節

視床下部 ←┈┐④分泌抑制
↓
脳下垂体前葉 ←┈┤④分泌抑制　フィードバック
↓
甲状腺
↓
過剰なチロキシンの場合 ┈┘

このように血液中のチロキシンが多いと減らす，少ないと増やすなど，血液中のチロキシンの量により，上位の器官に影響を与える（フィードバック）

> ここが
> 問われる
> ！ **免疫反応は３段階の防衛にわけられる！**

　私たちの体には，外界から侵入してくる細菌やウイルスなどの病原体を異物として排除する免疫というしくみが備わっています。免疫は，体内への異物の侵入そのものを防ぐ物理的・化学的防御，体内に侵入した異物を白血球が直接排除する自然免疫，排除しきれなかった異物に対してリンパ球が特異的に排除する適応免疫の３段階にわけられます。

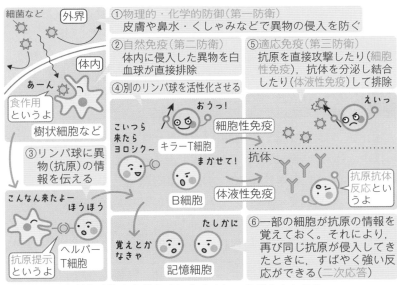

①物理的・化学的防御（第一防衛）
皮膚や鼻水・くしゃみなどで異物の侵入を防ぐ

②自然免疫（第二防衛）
体内に侵入した異物を白血球が直接排除する

④別のリンパ球を活性化させる

⑤適応免疫（第三防衛）
抗原を直接攻撃したり（細胞性免疫），抗体を分泌し結合したり（体液性免疫）して排除

③リンパ球に異物（抗原）の情報を伝える

⑥一部の細胞が抗原の情報を覚えておく。それにより，再び同じ抗原が侵入してきたときに，すばやく強い反応ができる（二次応答）

※物理的・化学的防御を自然免疫に含めるという考え方もある。

> 共通テストでは，「身近な生物学」がキーワードだよ。
> 私たちの体の反応や免疫・病気にまつわる内容などもチェックするようにしよう。

THEME

1 体内環境と体液

ここで 🎯 きめる！

📖 体液の状態をほぼ一定に保ち，生命を維持する性質を恒常性（ホメオスタシス）というよ。

📖 体内環境の維持には血液の循環が必要不可欠だよ。

📖 血液凝固は血小板とフィブリンのはたらきでおこるよ。

気温が変わっても，ヒトの体温はほぼ一定を保っています。このように環境が変化してもヒトの体内が常に一定の状態に保たれているのは，体内の状態変化の情報を伝達したり（→THEME 2，3），体内環境を調節したり（→THEME 4），外界からの異物に対応したり（→THEME 5）する，さまざまなしくみがあるからです。

1 体内環境の維持

私たちの体を構成する細胞は，**体液**と呼ばれる液体に浸されています。体液は細胞にとっての環境であるといえます。この環境を，ヒトの外側である体外環境に対して**体内環境**といいます。ヒトの場合，体液は**血液・組織液・リンパ液**の液体成分からなります。組織液は，血液の液体成分である血しょうが毛細血管からしみ出たものであり，組織液の一部がリンパ管内に入るとリンパ液となります。

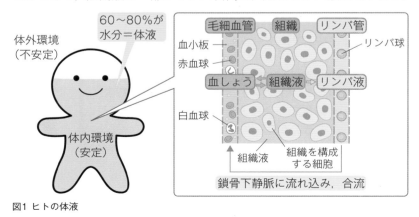

図1 ヒトの体液

ヒトをはじめとする動物は，体液の状態をほぼ一定に保ち生命を
維持しています。このような性質を**恒常性（ホメオスタシス）**と
いいます。

2 血液

　体内環境の維持には血液の循環が不可欠です。血液は栄養分や酸
素・二酸化炭素などの運搬，体温調節，免疫（→ THEME5）など
に関わっています。

① 血液の成分

　血液は，有形成分である血球（**赤血球**・**白血球**・**血小板**）と，
液体成分である**血しょう**からなります。
　血球は，骨髄の造血幹細胞でつくられ，主にひ臓や，古くなった
ら肝臓でも破壊されます。

表1 血液の成分と主なはたらき

有形成分		大きさ（直径μm）	数（個/mm³）	主なはたらきと核の有無
	赤血球	7〜8	380万〜570万	酸素の運搬など 核をもたない
	白血球	6〜15	4000〜9000	免疫 核をもつ
骨髄（造血幹細胞）	血小板	2〜4	15万〜40万	血液凝固 核をもたない

液体成分	構成成分	主なはたらき
血しょう	水（約90%）・タンパク質（約7%） グルコース，脂質・無機塩類など	栄養分・老廃物・ホルモンな どの運搬，血液凝固，免疫

② 血液凝固

　血管が傷つき出血した場合，小さい傷であれば自然に出血が止ま
ります。このときの一連の過程を**血液凝固**といいます。もし，そ
のまま出血が止まらなければ，血液循環に影響を与えてしまいます。
血液凝固も，体内環境の維持に大きく関与しているのです。

血液凝固は，次のような過程でおこります。

❶ 血管が破れ出血する。

❷ 傷口に血小板が集まる（＝一次止血）。

❸ **フィブリンというタンパク質の繊維ができて，血球成分がからめ取られ，血ぺいができる。** この血ぺいで傷口がふさがれる（＝二次止血）。

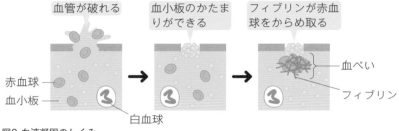

図2 血液凝固のしくみ

血管が修復される頃，血ぺいはフィブリンを分解する酵素のはたらきで溶解され，傷口から取り除かれます。この現象を線溶（フィブリン溶解）といいます。

かさぶたは血ぺいが乾いたものだよ。

また，血液を試験管に入れてしばらく静置すると，上澄みと沈殿にわかれます。このときに生じる沈殿が血ぺい，黄色みがかった透明な液体の上澄みは血清といいます。

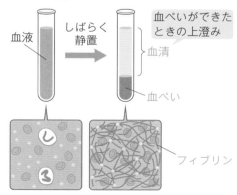

図3 血ぺいと血清

3 発展：人体の器官

人体の器官は教科書ではあまり扱われていないけど，共通テストでは過去によく出題されていた分野だよ。まずは，臓器・器官の位置関係をおさらいしておこう。

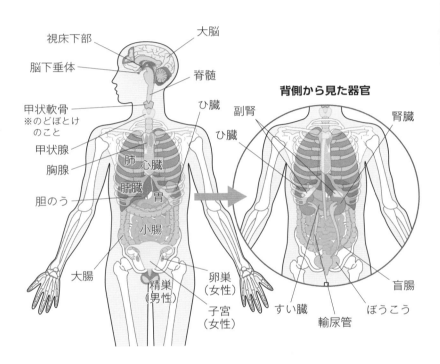

図4 人体の器官

① 肝臓の構造とはたらき

肝臓は体内でいちばん大きい臓器で，二つの大きな血管から血液が流れ込んでいます。**一つは酸素を多く含む血液が流れる肝動脈**，もう一つは**小腸で吸収されたグルコースやアミノ酸などの栄養物が含まれる肝門脈**です。

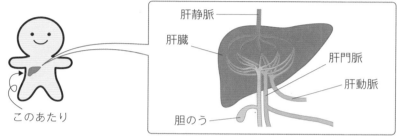

図5 肝臓の構造

肝臓は，血糖濃度の調節（→THEME 4）やタンパク質の合成など，さまざまなはたらきを示します。

表2 肝臓のはたらき

血糖濃度の調節	血液中のグルコースをグリコーゲンに変えて貯蔵する。血糖濃度が低下すると，グリコーゲンを分解してグルコースを血液中に放出する。
体温の調節	肝臓は熱の発生が筋肉に次いで多い。グリコーゲンの分解など，肝臓内での反応に伴って熱が発生する。
解毒作用	有毒な物質を無害な物質に変える。
尿素の合成	体内で生じた有毒なアンモニアを毒性の低い尿素に変える。
胆汁の合成	脂肪の分解に関係する胆汁を合成する。胆汁は十二指腸に放出される。
タンパク質の合成	血しょう中のタンパク質を合成する。

肝臓では多くの化学反応が絶え間なく営まれているから，「生体の化学工場」といわれているよ。

② 腎臓の構造とはたらき

　ヒトの腎臓は，そら豆のような形をしていて，腹部の背側に左右一対あります。腎臓は**皮質・髄質・腎う**の三つの部位にわけられ，皮質と髄質には**腎単位（ネフロン）**と呼ばれる構造があります。この腎単位が，尿をつくるための構造単位です。

　ネフロンは，**腎小体**とそこから伸びる**細尿管**（腎細管）で構成され，腎小体は，毛細血管が球状に集合した**糸球体**と，それをつつむ**ボーマンのう**でできています。

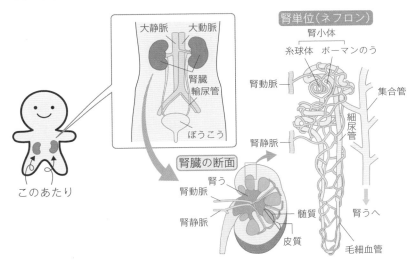

図6 腎臓の構造

　腎臓は，肝臓で合成された**尿素や血しょう中の不要な物質をろ過し，尿として排出する**ことで，体内環境を一定に保つはたらきをしています。必要なものまで尿として排出してしまわないように，**動脈中の血球やタンパク質はろ過されず，グルコースはいったんろ過されても，すべて血液中に再吸収される**しくみが備わっています。

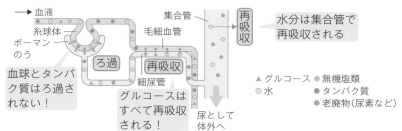

図7 腎臓のはたらき

 グルコースは１００％再吸収されるよ。もし，再吸収がうまくいかないなどで，尿中にグルコースが含まれれば，それは糖尿病の疑いがあるってことだよ。

３ ヒトの循環系

　肝臓や腎臓のような器官どうしは直接情報のやりとりをせず，血管やリンパ管などを通って全身を循環する体液を通じて，情報のやりとりをしています。ヒトの場合，血管系とリンパ系をあわせて**循環系**といいます。**循環系は体内環境を一定に保つのに役立っています。**

　ヒトの血管は動脈，静脈，毛細血管にわかれます。心臓から体の各部へと向かう血液が流れる血管を**動脈**，体の各部から心臓へともどる血液が流れる血管を**静脈**といいます。また，リンパ管内にはリンパ液が流れており，鎖骨下静脈で血液と合流します（→p.100）。

> **POINT** **ヒトの血管とリンパ管**
>
> リンパ液は鎖骨下静脈で血液と合流する

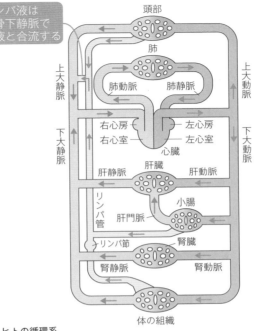

図8 ヒトの循環系

図８の血管の色が赤色と青色でわかれていますが，どのように違うのですか。

赤色は動脈血が流れている血管，青色は静脈血が流れている血管を表しているよ。動脈血とは酸素が多く含まれている血液，静脈血とは酸素が少ない血液のことだよ。

　脊椎動物には，体外環境からの異物の侵入を防いだり，排除したりするしくみがある。

　哺乳類の血液では，血管が傷ついて出血した場合，血液を速やかに固めるしくみがはたらき，体外からの病原体や異物の侵入を防ぐとともに，血液が体内から失われるのを防いでいる。

（センター試験）

　下線部に関する記述として最も適当なものを，次の①～⑤のうちから一つ選べ。

　①　血管が傷つくと，最初に，白血球が集まり傷口をふさぐ。

　②　赤血球が傷口に付着し，血液凝固に関する物質を放出する。

　③　血小板が壊れるとヘモグロビンが放出され，血液の凝固が始まる。

　④　血小板と血しょうに含まれるさまざまな血液凝固に関する物質がはたらき，フィブリンがつくられる。

　⑤　繊維状のグリコーゲンと血球がからみあい，血ぺいがつくられる。

血液凝固には血小板が関係し，繊維状のタンパク質であるフィブリンがつくられる。この繊維状のフィブリンが血球成分をからめ取り，血ぺいがつくられる。よって 答え ④

　なお，③のヘモグロビンは赤血球に含まれ，酸素と結合して酸素を運搬するタンパク質のことである。

　図は，ヒトの血液をスライドガラスに塗布し，アルコールを滴下後，特殊な染色方法で染色した顕微鏡像である。

（センター試験）

ア　　　　　イ

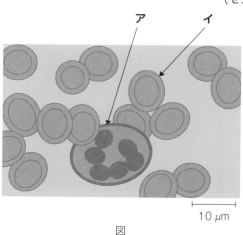

10 μm

図

問1　図の**ア**，**イ**の細胞の名称はそれぞれ何か。その組み合わせとして正しいものを，次の①〜⑥のうちから一つ選べ。

　　　　ア　　　　　**イ**
① 赤血球　　　白血球
② 血小板　　　赤血球
③ 白血球　　　血小板
④ 血小板　　　白血球
⑤ 赤血球　　　血小板
⑥ 白血球　　　赤血球

問2　白血球および赤血球のはたらきに関する記述として，最も適当なものはどれか。次の①〜⑤のうちからそれぞれ一

つずつ選べ。

① 代謝によって生じた不要な物質を尿素につくり変える。

② 血糖量が低下すると，グリコーゲンの分解を促進する。

③ 体内に侵入した細菌などを細胞内に取り込み分解する。

④ 肺で酸素を受け取り，全身の組織に運搬する。

⑤ けがなどで出血したとき，血液を固める。

問3　血しょうのはたらきに関する記述として正しいものはどれか。次の①～④のうちから一つ選べ。

①　白血球や赤血球をつくり出す。

②　免疫に関わる抗体をつくり出す。

③　内分泌腺から分泌されたホルモンを運ぶ。

④　消化腺から分泌された消化酵素を胃や小腸に運ぶ。

問1　**ア**は血液の中で最も大きい細胞なので，白血球である。**イ**は血液中に数が多く，円盤状でくぼんでいるので赤血球とわかる。よって，　答え ▶ ⑥

共通テストでは図や写真が出題されるので，それぞれの特徴などを意識して図や写真を見るようにしよう。

問2　白血球のはたらきは免疫なので，　答え ▶ ③

赤血球のはたらきは酸素の運搬なので，　答え ▶ ④

なお，⑤は血小板のはたらき，①・②は肝臓のはたらきである（→p.104）。

問3　血しょうは血液の液体成分で栄養分，老廃物，ホルモンなどの運搬を行う。よって，　答え ▶ ③

なお，①は骨髄のはたらき，②はリンパ球（B細胞）のはたらきである。

THEME

2 | 自律神経系による体内環境の維持

📖 恒常性は神経とホルモンの協同作用で維持されているよ。
📖 自律神経系は交感神経と副交感神経にわけられるよ。
📖 交感神経は緊張や興奮状態ではたらき，副交感神経は安静
　やリラックス状態ではたらくよ。

　私たちの体は，外から受け取った情報や体内環境の変化を脳が処
理し，その情報を体中に伝えています。そのとき，体の中で情報を
伝える役割をするのが神経やホルモン（→THEME 3）です。

❶　体内が変化した（高血糖になっ
　たなど）
❷　変化した血液などの情報が体中
　を移動する
❸　間脳視床下部が感知する（恒常
　性のセンサー）
❹　ホルモン ⎫この二つを主に使って
　　自律神経 ⎭体の恒常性を維持する

もとにもどさないと

　神経とホルモンは，その作用範囲や効果が出るまでの時間などが
異なります（表3）。例えるなら，神経は「電話」，ホルモンは「手
紙」というイメージですね。

　この神経とホルモンが協同して作用することで，ヒトの体は一定
に保たれています。

表3 神経系（自律神経）と内分泌系（ホルモン）の違い

	神経系	ホルモン
作用範囲	局所的（狭い）	全身の標的器官（広い）
効果がでるまで	素早い（速い）	ゆっくり（遅い）
効果の持続時間	短い（一時的）	長い（持続的）

1 神経系

1 神経系の構成と伝え方

　神経系の伝わるイメージは「電話」でしたね。どういうことか詳しく説明しましょう。

　刺激を受け取る受容器からの情報は，電気的な信号として神経細胞のネットワークである神経系に伝わり，筋肉や腺などの効果器に届けられます。この電気的な信号を伝えるのが**神経細胞（ニューロン）**です。電気的な信号で情報を伝えるため，神経系は速く伝達ができるわけですね。

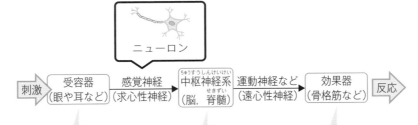

図9 神経系の伝わり方

❷ ヒトの神経系

ヒトの神経系は**中枢神経系**と**末梢神経系**にわかれます。中枢神経系は脳と脊髄にわけられ，末梢神経系は**自律神経系**と体性神経系にわけられます。

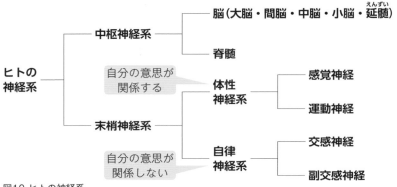

図10 ヒトの神経系

友達からいきなりたたかれたら，「いたっ！」となるし，びっくりして心臓がバクバクするよね。で，「なにすんねん！」と友達をたたき返したとする。
　① 「いたっ！」というのは意識できるので，体性神経系の感覚神経で伝えられたもの。
　② 心臓がバクバクするのは，無意識の自律神経系の交感神経によるもの。
　③ 「なにすんねん！」と意識して，運動神経で効果器である筋肉を動かし，たたき返す。
という感じで，ヒトは神経を使って情報を伝えて体を動かしているんだね。

2 自律神経系

　自律神経系は**交感神経**と**副交感神経**からなり，本人の意思とは関係なくはたらきます。**交感神経は，興奮したり緊張したりしたときにはたらき，体を緊張・活動状態にします。**一方で**副交感神経は，食後やリラックスしたときにはたらき，体を安静・休息状態にします。**このように，一方が促進的に，他方は抑制的にはたらくことを拮抗作用といいます。そして，それらの統合的な中枢，つまり，最高中枢が**間脳の視床下部**に存在します。

① 自律神経の分布

　交感神経は脊髄から出ています。また，**副交感神経は中脳・延髄・脊髄下部から出ています。**自律神経系は内臓などの器官と直接つながっているので，情報伝達の時間が短いという強みがあります。

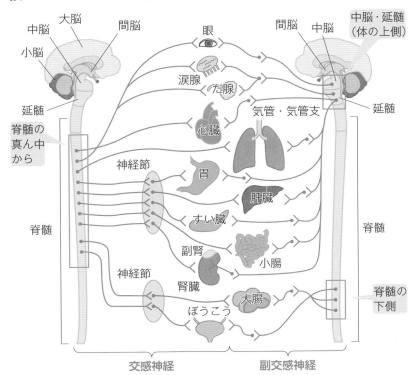

図11 ヒトの自律神経の分布

表4 ヒトの自律神経系の作用

	瞳孔	気管支	心臓の拍動	だ液腺	ぼうこう	胃の運動	体表の血管	立毛筋	汗腺
交感神経	拡大	拡張	促進	抑制	弛緩	抑制	収縮	収縮	分泌
副交感神経	縮小	収縮	抑制	分泌	収縮	促進	—	—	—

※ —は分布していないことを示している

自分の体で考えればイメージしやすいはずだよ。
例えばゾッとしたとき，とり肌がたつのは，立毛筋の収縮（交感神経）だ。
試験で緊張しているときは，心臓がドキドキして，汗をかいたり，トイレに行かなくなったりする。これは，交感神経により心臓の拍動が促進され，汗腺が分泌され，ぼうこうが弛緩して排尿が抑制されているってことなんだ。
交感神経と副交感神経は拮抗的にはたらくから，一方のはたらきを覚えたら，他方は「その反対」と覚えたらいいよ。

ドキ
ドキ

❷ 心拍の調節

　心臓は，規則的なリズムで収縮します。この周期的な心臓の収縮を拍動といい，**右心房にあるペースメーカー（洞房結節）**という部分が，心臓に刺激を与えることによって生じます。心臓の拍動は，血液中の二酸化炭素濃度を感知した自律神経系のはたらきによって，速さや強さが調節されています。

　また心臓は，外部の刺激がなくても常に拍動しています。これを自動性といいます。

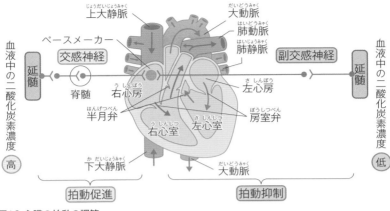

図12 心臓の拍動の調節

 走ったあとに心臓がバクバクするのは，下の表5のような
自律神経による調整が行われているからだよ。

表5 運動をしたときの心拍の調節

運動時	運動後
血液の二酸化炭素濃度が高い ↓ 延髄が感知 ↓ 交感神経が心臓のペースメーカーに伝える ↓ 心臓の拍動増加	血中二酸化炭素濃度が低い ↓ 延髄が感知 ↓ 副交感神経が心臓のペースメーカーに伝える ↓ 心臓の拍動低下

3 脳と脊髄

1 ヒトの脳

　中枢神経系である脳は，大脳，間脳，中脳，小脳，延髄などにわけられます。間脳，中脳，延髄などをまとめて**脳幹**といい，生命維持に重要な役割を果たしています。自律神経系の中枢としてはたらいているのは，**間脳**にある**視床下部**と呼ばれる部分で，体温や血糖濃度などの体内環境の変化を感知し，自律神経系を介して各器官を調整します。

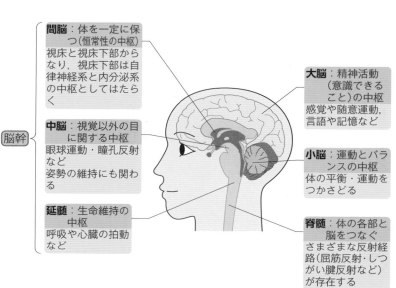

間脳：体を一定に保つ（恒常性の中枢）
視床と視床下部からなり，視床下部は自律神経系と内分泌系の中枢としてはたらく

大脳：精神活動（意識できること）の中枢
感覚や随意運動，言語や記憶など

中脳：視覚以外の目に関する中枢
眼球運動・瞳孔反射など
姿勢の維持にも関わる

小脳：運動とバランスの中枢
体の平衡・運動をつかさどる

延髄：生命維持の中枢
呼吸や心臓の拍動など

脊髄：体の各部と脳をつなぐさまざまな反射経路（屈筋反射・しつがい腱反射など）が存在する

脳幹

図13 ヒトの脳の構造と主なはたらき

脳死状態というのは，脳幹も含めてこれらすべての脳の機能が停止した状態だ。自力での呼吸はできないし，脳機能の回復も見られない。
脳死患者が臓器を提供する意思表示をしていて，家族の承諾がある場合や，本人の意思が不明であっても家族の承諾がある場合，臓器の提供を認められるんだ。

植物状態とは違うんですか？

植物状態は，大脳の機能は停止しているけど，脳幹の機能が維持されている状態だ。生命維持にはたらく脳幹が機能しているから，自力で呼吸ができたり，心臓の拍動も維持されたりする。でも，大脳がはたらいてないから，意識が失われているんだよ。

2

自律神経系による体内環境の維持

過去問にチャレンジ

　ヒトの体内環境の恒常性を維持するしくみには，<u>自律神経系</u>により調節されているものや，ホルモンにより調節されているものがある。また，体温の調節や血糖量の調節などのように，自律神経系とホルモンが協調的にはたらいている場合もある。

（センター試験）

　下線部に関する記述として適当なものを，次の①～⑥のうちから二つ選べ。ただし，解答の順序は問わない。
　① 自律神経系は，感覚器官や骨格筋を支配する末梢神経系である。
　② 自律神経系の主たる中枢は，小脳である。
　③ 交感神経は，中脳および延髄から出る。
　④ 交感神経の活動は，緊張時や運動時に高まっている。
　⑤ 副交感神経は，すべての器官のはたらきを抑制する。
　⑥ 交感神経は，心臓の拍動を促進する。

① 感覚器官や骨格筋を支配するのは体性神経系である。よって誤り。
② 自律神経系の最高中枢は間脳視床下部である。よって誤り。
③ 交感神経は脊髄から出る。よって誤り。p.115 で各自律神経がどこから出ているか確認しよう。
④ 交感神経は緊張時や運動時，副交感神経は食後やリラックスしているときにはたらく。よって正しい。
⑤ 副交感神経はすべての器官のはたらきを抑制するのではなく胃の運動などは促進する。よって誤り。
⑥ 交感神経は心臓の拍動を促進する。よって正しい。自律神経系のそれぞれの器官に対するはたらきは頻出なので，p.116の表をしっかりと覚えよう。

　よって 答え ④，⑥

3 ホルモンによる体内環境の維持

ここで
きめる!

- ホルモンによって情報を伝えるシステムを内分泌系というよ。
- ホルモンは特定の受容体をもつ標的細胞のみにはたらく性質があるよ。
- ホルモン分泌の中枢は間脳の視床下部だよ。

1 ホルモン

ホルモンによって情報を伝えるシステムを**内分泌系**（ないぶんぴけい）といいます。THEME 2 で学習した神経系と協同的にはたらき，体内環境を維持しています。ホルモンでの情報伝達は神経系と比べると作用範囲が広く，また効果が出るまでの時間が遅く，長いという特徴があります。神経系は「電話」，ホルモンは「手紙」でしたね。

<再掲：表3 神経系(自律神経)と内分泌系(ホルモン)の違い>

	神経系	ホルモン
作用範囲	局所的（狭い）	全身の標的器官（広い）
効果がでるまで	素早い（速い）	ゆっくり（遅い）
効果の持続時間	短い（一時的）	長い（持続的）

1 内分泌腺と外分泌腺

ホルモンを分泌する作用を**内分泌**（ないぶんぴ）といいます。独自のホルモンを合成し，直接血管中に分泌する分泌腺のことを**内分泌腺**（ないぶんぴせん）といいます。代表的な内分泌腺には，脳下垂体（のうかすいたい），甲状腺（こうじょうせん），副甲状腺（ふくこうじょうせん）などがあります。内分泌腺に対して，排出管を通って分泌物

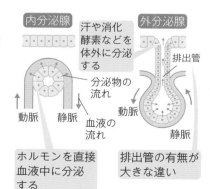

内分泌腺　汗や消化酵素などを体外に分泌する　外分泌腺

分泌物の流れ

排出管

動脈　静脈　動脈

血液の流れ　静脈

ホルモンを直接血液中に分泌する

排出管の有無が大きな違い

図14　内分泌腺と外分泌腺

が体外へ運搬される分泌腺を外分泌腺といいます。

代表的な外分泌腺には，消化酵素を分泌する消化液分泌腺や
汗腺などがあるよ。

2 ホルモンの定義

ホルモンは内分泌腺でつくられ，血液で運ばれて特定の組織や
器官にたどりつき，その組織や器官に特定の反応を引き起こします。
ホルモンが特定の器官（標的器官）にのみ作用できるのは，その器
官がホルモンを受容して応答する**標的細胞**で構成されているから
です。標的細胞は，特定のホルモンを特異的に結合できる**受容体**
をもっています。

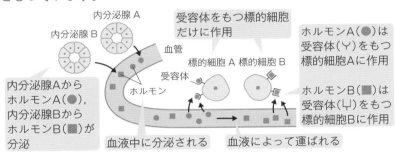

図15　ホルモンと標的細胞

ホルモンは血液中に分泌され，血液循環によって運搬されます。
自律神経系と比べて時間がかかるのはそのためです。しかし，一度
分泌されると血液中のホルモンの濃度が下がるまで作用が持続する
ため，自律神経系に比べて長く作用します。

POINT　ホルモンの特徴

① 内分泌腺でつくられ，直接血液中へ分泌される。

② 血液によって運搬され，標的器官に作用する。
（標的器官は特定のホルモンを結合できる独自の受容体をもつ）

③ 作用するまで時間がかかるが，作用の持続時間は長い。

ホルモンの分類

　ホルモンは，ペプチド系ホルモンとステロイド系ホルモンにわけられる。ペプチド系ホルモンは，水に溶けやすい水溶性のホルモンなので，細胞膜を通過できない。そのため，細胞膜上の受容体に結合し，細胞内の特定の化学反応を促進する。インスリンやグルカゴンなどがペプチド系ホルモンである。

　一方，ステロイド系ホルモンは，脂質に溶けやすい脂溶性ホルモンであり，細胞膜を通過できる。そのため，細胞内の受容体に結合することができ，特定の遺伝子発現の調節などにはたらく。糖質コルチコイド・鉱質コルチコイドがステロイド系ホルモンである。

2　ホルモンの分泌と調節

1 間脳の視床下部と脳下垂体

　THEME 2で学習したように，恒常性の最高中枢は間脳の**視床下部**です。**脳下垂体**は視床下部の下面に存在し，**前葉**と**後葉**にわかれています。

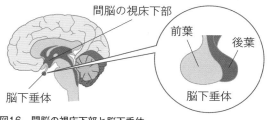

図16　間脳の視床下部と脳下垂体

　間脳の視床下部には，**神経分泌細胞**と呼ばれる，ホルモンを分泌する特殊な神経細胞があります。この神経分泌細胞には，脳下垂体後葉の血管に細胞の末端を伸ばすもの（図17-❶）と，脳下垂体前葉につながる血管に細胞の末端を伸ばすもの（図17-❷）があります。

①の神経分泌細胞は，脳下垂体後葉内の血管にバソプレシン（脳下垂体後葉ホルモンの一つ）などのホルモンを分泌します。

　②の神経分泌細胞は，脳下垂体前葉内の毛細血管に放出ホルモンや放出抑制ホルモンを分泌します。これらのホルモンは，脳下垂体前葉に流れていき，成長ホルモンや甲状腺刺激ホルモンなどの分泌を調整します。

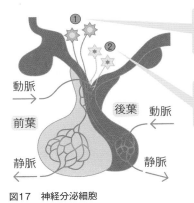

①の神経分泌細胞は脳下垂体後葉から分泌されるホルモン（バソプレシンなど）をつくる

②の神経分泌細胞は視床下部から分泌される各種放出ホルモンをつくる

図17　神経分泌細胞

② 内分泌腺とホルモンの種類

　ヒトの内分泌腺では，さまざまなホルモンがつくられ，それぞれ特定の標的器官ではたらきます。主なものを次ページの表6にまとめたので，確認しておきましょう。

表6　ヒトの内分泌腺とホルモンのはたらき

内分泌腺			名称	はたらき・特徴
視床下部			各種の放出ホルモン 各種の放出抑制ホルモン	脳下垂体にはたらきかけ，ホルモンの分泌を調整する
脳下垂体	前葉		成長ホルモン	成長を促進する（骨の成長） 血糖濃度を上昇させる タンパク質合成を促進する
			甲状腺刺激ホルモン	チロキシンの(合成)分泌を促進させる
			副腎皮質刺激ホルモン	糖質コルチコイドの(合成)分泌を促進させる
	後葉		バソプレシン （抗利尿ホルモン）	腎臓での水分の再吸収を促進し，血圧を上げる
甲状腺			チロキシン	生体内の化学反応を促進させる
副甲状腺			パラトルモン	血中カルシウムイオン濃度を上げる
すい臓ランゲルハンス島	A細胞		グルカゴン	グリコーゲンの分解を促進し，血糖濃度を上げる
	B細胞		インスリン	グリコーゲンを合成し，組織でのグルコースの呼吸消費を促進して，血糖濃度を下げる
副腎	皮質		鉱質コルチコイド	腎臓でのナトリウムイオンの再吸収を促進させる
			糖質コルチコイド	タンパク質からの糖の合成を促進し，血糖濃度を上げる
	髄質		アドレナリン	グリコーゲンの分解を促進し，血糖濃度を上げる

ヒトのホルモンはどこから分泌されて，どのようなはたらきをもつかしっかり整理しておこう！

3　フィードバック調節

① フィードバック

　血液中のホルモン量は，**フィードバック**というしくみによって調節されることで，体内環境を維持しています。フィードバックとは，最終産物や最終的な結果が前の段階にもどって作用を及ぼすことです。特に作用が抑制的にはたらく場合を**負のフィードバック**といいます。

からあげが大好きでも，毎日食べていると，少し減らそうとするよね。そして，「最近食べてないな」とまた食べ始める。こんなイメージで，ホルモン量も調節されているんだよ。

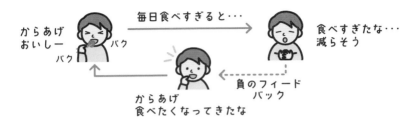

からあげ
おいしー
バク　バク

毎日食べすぎると・・・

食べすぎたな・・・
減らそう

負のフィードバック

からあげ
食べたくなってきたな

② チロキシン（甲状腺ホルモン）の分泌調節

　甲状腺から分泌されるチロキシンは負のフィードバックによって分泌量が調節されています。体内でチロキシンの濃度が上昇すると，体内環境を維持するために，チロキシンの濃度を下げようとはたらきます。これは次のような調節によっておこります。

チロキシンの分泌調節

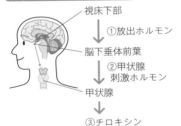

視床下部
　↓①放出ホルモン
脳下垂体前葉
　↓②甲状腺
　　刺激ホルモン
甲状腺
　↓
③チロキシン

①間脳の視床下部が甲状腺刺激ホルモン放出ホルモンを分泌する。
②①のホルモンが脳下垂体前葉にはたらきかけ，甲状腺刺激ホルモンの分泌を促進する。
③甲状腺からのチロキシンの分泌が促進され，血液中のチロキシン量が増加する。

チロキシンによる負のフィードバック調節

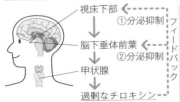

視床下部
　①分泌抑制　　フィードバック
脳下垂体前葉
　②分泌抑制
甲状腺
　↓
過剰なチロキシン

①過剰に分泌されたチロキシンが，視床下部にはたらきかけ，甲状腺刺激ホルモン放出ホルモンの分泌を抑制する。
②さらに，脳下垂体前葉にはたらきかけ，甲状腺刺激ホルモンの分泌を抑制する。
結果的に，甲状腺からのチロキシンの分泌が低下し，血液中のチロキシン量が正常にもどる。

図18　チロキシンの分泌調節

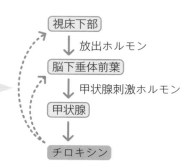

このように血液中のチロキシンが多いと減らす,少ないと増やすなど,血液中のチロキシンの量により,上位の器官に影響を与える(フィードバック)

視床下部
↓ 放出ホルモン
脳下垂体前葉
↓ 甲状腺刺激ホルモン
甲状腺
↓
チロキシン

さまざまなホルモンが体内で分泌され,フィードバックによる調節を受けて体内環境の維持のためにはたらいているんだよ。THEME 4で学習する血糖濃度の調節も,フィードバック調節によるものだよ。

過去問にチャレンジ

問1　ホルモンに関する記述として**誤っているもの**を,次の①〜⑤のうちから一つ選べ。

① ホルモンは,血液中に分泌されて全身に運ばれる。

② 内分泌腺でつくられたホルモンは,排出管を通って分泌される。

③ ホルモンは,特定の器官に作用する。

④ ホルモンは,標的細胞にある受容体に結合することによって,その細胞のはたらきを変化させる。

⑤ 一種類のホルモンが,複数の標的器官に異なる作用を引き起こすことがある。

問2　甲状腺のはたらきを調べる目的で幼時のネズミに甲状腺除去手術を行った。手術後のネズミに関する記述として適当なものを,次の①〜④のうちから二つ選べ。

① 代謝が低下し,体温が下がった。

② 成長ホルモンの分泌が高まり,大きなネズミになった。

③ 標的器官がなくなったため，手術直後から甲状腺刺激ホルモンの分泌が低下した。

④ 負のフィードバック調節がなくなり，チロキシンの分泌が高まった。

（センター試験）

問1　ホルモンは内分泌腺でつくられ，排出管を経ずに直接血液に分泌される。その後，血液によって全身に運ばれ，標的器官の受容体に結合して作用する。よって，①，③，④は正しいが②は誤りである。また，アドレナリンは肝臓に作用して代謝を促進したり，心臓に作用して心臓の拍動を促進させたりするなど複数の標的器官に作用を引き起こす。よって，⑤は正しい。

答え　②

問2　甲状腺が除去されると，チロキシンの分泌量が低下し，その結果，体内の化学反応（代謝）が低下する。よって，①と③は正しい。

　　また，甲状腺が正常なはたらきをしているときチロキシンの分泌量が低下すると，負のフィードバックがおこらず甲状腺刺激ホルモンの分泌が増加する。④は誤り。

　　なお，成長ホルモンは脳下垂体前葉から分泌されるので，甲状腺を除去しても影響はない。②は誤り。

　　よって，答え　①，③

　　ホルモンの定義や種類に関する問題は頻出なのでしっかりとおさえておこう。共通テストでは，内分泌腺を除去するような考察問題も出題されるよ。内分泌腺の除去によって，どのホルモンにどのような影響がでるのかまでおさえておくと，得点につながるので整理しておこう。

4 血糖濃度の調節

ここで きめる！

📖 高血糖時は，インスリンのはたらきで正常値にもどるよ。

📖 低血糖時は，グルカゴン，アドレナリン，糖質コルチコイドなどのはたらきで正常値にもどるよ。

📖 糖尿病には，Ⅰ型糖尿病とⅡ型糖尿病とがあるよ。

1 血糖濃度の調節

　細胞がエネルギー源として利用する**グルコース（ブドウ糖）**は，血液から供給されています。**血液中のグルコースは血糖と呼ばれ，健康なヒトの場合，空腹時の血糖濃度（血糖値）は約0.1％（100 mg/100 mL）に保たれています**。血糖濃度が上昇したり低下したりすると，体内では自律神経とホルモンが協調してはたらき，血糖濃度を正常値に調節します。

① 高血糖時（食後など）における調節

　血糖濃度が高い状態が続くと，組織や血管に損傷を与えることがあります。そのため，食後などの高血糖時には，血糖値を下げる調節がおこります。高血糖時にはたらくホルモンはインスリンで，次のようなしくみで調節がおこります。

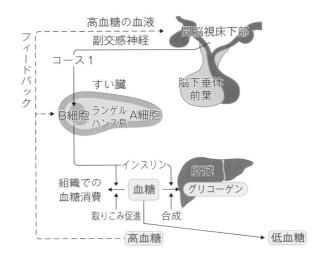

コース1→
①高血糖の血液を間脳の視床下部やすい臓が感知する。
②副交感神経を介してすい臓のランゲルハンス島B細胞を刺激する。
③すい臓のランゲルハンス島B細胞からインスリンが分泌される。
④インスリンの作用により細胞でのグルコースの取り込みが促進され，
　肝臓でグリコーゲンの合成が促進される。
⑤血糖濃度が低下して正常値にもどる。

図19　高血糖時の血糖濃度の調節

食後ってリラックスするよね。だから副交感神経がはたらいているんだよ。

② 低血糖時（空腹時など）における調節

　血糖濃度が大幅に低下すると，意識を消失することがあります。そのため，空腹時などの低血糖時には血糖値を上げる調節がおこります。**低血糖時にはたらくホルモンはグルカゴン，アドレナリン，糖質コルチコイドなど**で，次のようなしくみで調節がおこります。

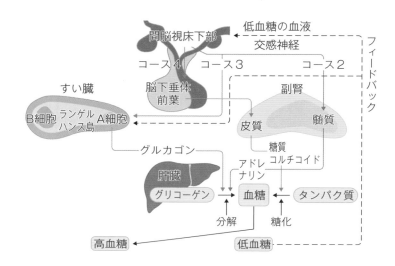

コース3→　低血糖の血液を視床下部が感知すると，
①交感神経を介してすい臓のランゲルハンス島A細胞を刺激する（すい臓自身も低血糖を感知する）。
②すい臓のランゲルハンス島A細胞からグルカゴンが分泌される。
③グルカゴンの作用により肝臓でグリコーゲンの分解が促進される。

コース4→　低血糖の血液を視床下部が感知すると，
①視床下部から副腎皮質刺激ホルモン放出ホルモンを脳下垂体前葉に向けて放出する。
②脳下垂体前葉から副腎皮質刺激ホルモンが分泌され，副腎皮質を刺激する。
③副腎皮質から糖質コルチコイドが分泌される。
④糖質コルチコイドの作用により，肝臓などでタンパク質を糖化（グルコースに変える）してグルコースが生成される。

コース2～コース4のはたらきで，血糖濃度が上昇して正常値にもどる。
図20　低血糖時の血糖濃度の調節

低血糖のときはいろんなコースがあるんですね。

低血糖になると，脳のはたらきが低下して命に関わる危険な状態になることがあるんだ。危険だから交感神経もはたらくし，血糖値を上げるホルモンも多いんだよ。

2 糖尿病

　糖尿病とは食事などにより高くなった血糖濃度が正常に低下せず，正常値にもどらない病気です。糖尿病になり，高血糖の状態が続くと，動脈硬化による心筋梗塞や脳梗塞，腎臓の障害などを引きおこします。糖尿病はその原因から二つに大別されます。

THEME 1 で学習したように，通常グルコースは尿中に排出されないんだけど，糖尿病になると尿中にグルコースが排出されるようになるんだ。だから糖尿病といわれるんだよ。

1 Ⅰ型糖尿病

　Ⅰ型糖尿病とは，**すい臓のランゲルハンス島Ｂ細胞が破壊され，インスリンの分泌量が減少する自己免疫疾患です**。自力でインスリンを合成できないので，食後には日常的にインスリンを注射しなければなりません。

② Ⅱ型糖尿病

　Ⅱ型糖尿病とは，インスリンは分泌されますが，**標的細胞に対してインスリンが作用しにくくなったり，インスリンへの感受性が低下したりすることで生じる糖尿病**です。主に，体質や加齢，生活習慣などの影響でおこるため，健康的な食事や適度な運動などが治療や予防に効果があります。

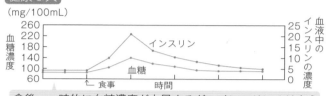

食後，一時的に血糖濃度が上昇するが，インスリンのはたらきによって正常値にもどる

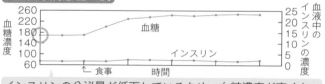

インスリンの分泌量が低下しているため，血糖濃度が高くなったまま

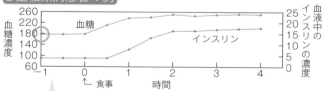

標的器官のインスリンに対する感受性が低下しているため，インスリンは分泌されているが，血糖濃度は高いまま

図21　健康なヒトと糖尿病患者の血糖濃度とインスリン濃度の変化

糖尿病患者は空腹時（−1時間）のときでも正常血糖値（100 mg/100 mL）より血糖濃度が高いことに気づいたかな（グラフの緑の丸部分）？

COLUMN 体温の調節

　ヒトは外界の温度の高低にかかわらず，体温がほぼ一定に保たれる恒温動物である。体温の調節時も間脳の視床下部が中枢としてはたらいている。

　体温が低いときは，交感神経によって皮膚の毛細血管や立毛筋を収縮させて熱放散量を減らそうとする（熱を逃がしにくくする）。さらに，チロキシン，アドレナリン，糖質コルチコイドを分泌させ，肝臓や筋肉での代謝を促進し，発熱量を増やす（熱をつくりやすくする）。また，アドレナリンと交感神経は協働し，心臓の拍動を増やして血流濃度を上昇させ，発生した熱を血液によって全身に伝えようとする。

　一方で，体温が高い場合は，交感神経により汗腺が刺激され，発汗が促進される。汗が蒸発するときに熱が奪われ，熱放出量は増加する。

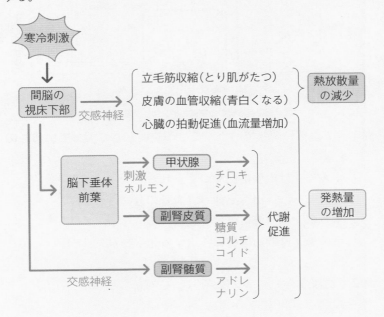

予想問題にチャレンジ

　ホルモンによってコントロールされる重要な体内環境に，血糖値がある。血糖値は，血液中のグルコース濃度のことで，ほぼ一定に保たれている。生活習慣や遺伝的要因等さまざまな原因で，血糖値が異常に上昇した状態が続く病気を糖尿病と呼ぶ。

　図のグラフは健康な人1名，糖尿病患者2名の食事摂取後の血糖値とインスリン濃度を示している。横軸は食事摂取後の時間経過，縦軸は血糖値（太い点線）とインスリン濃度（細い点線）とする。

（京都府立大学／改）

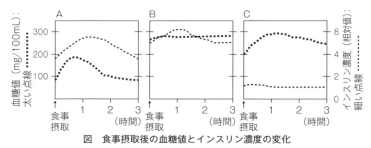

図　食事摂取後の血糖値とインスリン濃度の変化

問1　下線部に関して，ホルモンの説明として**誤っているもの**を選べ。
① ホルモンは内分泌腺でつくられる
② ホルモンは排出管を通って血管に分泌される
③ ホルモンは血液によって運ばれる
④ ホルモンは標的細胞に作用する化学物質

問2　健康な人のグラフはA，B，Cのうちどれか。
① A　　　② B　　　③ C

問3　糖尿病患者2名は，それぞれ発症の機序が異なっている。うち1名はインスリンの分泌が低下している，1名はインスリン受容体に異常があるとする。インスリン受容体に異常があると考えられるものはA，B，Cのうちどれか。

　　① A　　　　② B　　　　③ C

問1　②排出管を経て分泌物を分泌するのは外分泌腺。外分泌腺は排出管を経て，汗や消化液を分泌する。よって， 答え ②

問2　グラフの太い点線が血糖濃度（血糖値）を表している。太い点線に注目すると，Aは食事摂取時の縦軸の値が約100mg/100mL より，正常血糖濃度と考えられる。また血糖濃度が上昇してもその後低下しているので，Aが健康な人と考えられる。BとCは血糖濃度が常に高い値を示しているので，糖尿病患者と考えられる。よって， 答え ①

問3　標的細胞のインスリン受容体に異常がある場合，インスリンが分泌されていても標的細胞がインスリンに反応することができない。よって，食事摂取後にインスリン濃度は上昇しているが，血糖濃度は高いまま変わっていないBのグラフのようになる。

答え ②

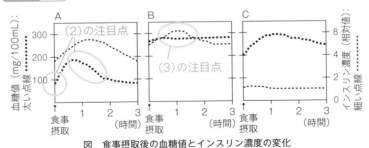

図　食事摂取後の血糖値とインスリン濃度の変化

THEME

5 免疫

🏛 ヒトの体を守る免疫のしくみには，三つの段階があるよ。

🏛 自然免疫は食細胞が中心となってはたらくよ。

🏛 適応免疫には，主に B 細胞がはたらく体液性免疫と，主に T 細胞がはたらく細胞性免疫があるよ。

1 免疫の基礎

　免疫は，大きく３段階の防衛にわけられます（図22）。まず，**体内への異物の侵入そのものを防ぐ**物理的・化学的防御がはたらきます。次に，**体内に侵入した異物を白血球が直接排除する**自然免疫がはたらきます。さらに，排除しきれなかった異物には，**リンパ球が特異的に排除する**適応免疫（獲得免疫）がはたらきます。

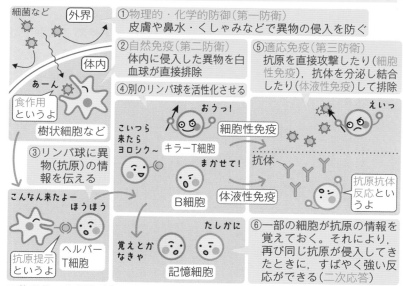

①物理的・化学的防御（第一防衛）
皮膚や鼻水・くしゃみなどで異物の侵入を防ぐ

②自然免疫（第二防衛）
体内に侵入した異物を白血球が直接排除

④別のリンパ球を活性化させる

⑤適応免疫（第三防衛）
抗原を直接攻撃したり（細胞性免疫），抗体を分泌し結合したり（体液性免疫）して排除

細菌など　外界
あーん
食作用というよ
樹状細胞など

③リンパ球に異物（抗原）の情報を伝える

こんなん来たよー　ほうほう

抗原提示というよ

ヘルパーT細胞

こいつら来たらヨロシク〜　おうっ！　細胞性免疫
キラーT細胞　まかせて！

B細胞　体液性免疫

えいっ
抗体　抗原抗体反応というよ

たしかに
覚えとかなきゃ
記憶細胞

⑥一部の細胞が抗原の情報を覚えておく。それにより，再び同じ抗原が侵入してきたときに，すばやく強い反応ができる（二次応答）

※物理的・化学的防御を自然免疫に含めるという考え方もある。

図22　免疫イメージ

2 物理的・化学的防御（第一防衛）

　物理的防御では，皮膚や粘膜などにより異物（非自己物質）の侵入を物理的に防ぎます。皮膚は表皮と真皮からなり，表皮の角質層は死細胞であるため，生きた細胞にしか感染できないウイルスなどの異物が体内に侵入することを防いでいます。また，気管支では，気管の上皮が繊毛運動による異物の除去を行います。

　化学的防御では，涙や鼻水，汗などの分泌物により，異物を化学的に防ぎます。これらの分泌物には細菌の細胞壁を分解するリゾチームという酵素が含まれています。また，皮膚は汗などの分泌物によって弱酸性を保っており，細菌の増殖を抑えています。

　他にも，血液凝固（→p.101）によって傷口からの病原体の侵入を防いだり，ヒトに無害な細菌（腸内細菌など）が体内にすむことによって有害な細菌の繁殖を抑えたりと，さまざまな方法で外界からの異物の侵入を食い止めているのです。

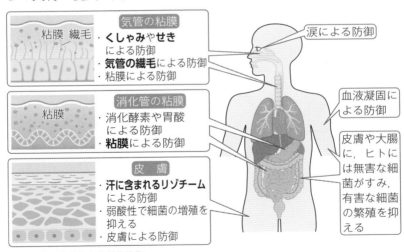

図23　物理的防御と化学的防御

皮膚が弱酸性っていうのは，ボディーソープのCMとかで知っている人も多いんじゃないかな？　身近なことでイメージできるものは，どんどんイメージ化して理解しよう。

3 免疫に関わる器官と細胞

　第二・三段階の免疫システムを説明する前に，まずは免疫に関わる器官と細胞について確認しておきましょう。

　免疫に関わる器官には，胸腺，ひ臓，リンパ節，リンパ管などがあり，これらの器官には，免疫に関係する白血球が集まっています。

　免疫にはさまざまな種類の白血球が関わっていて，それぞれ重要な役割を果たします。**好中球，マクロファージ，樹状細胞などは，食細胞と呼ばれます。**

　また，**T細胞，B細胞，ナチュラルキラー細胞(NK細胞)など**はリンパ球と呼ばれます。**T細胞は，胸腺に移動して分化，成熟**しますが，**B細胞は骨髄やリンパ節で分化，成熟**します。

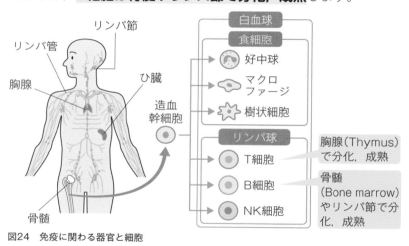

図24　免疫に関わる器官と細胞

4 自然免疫(第二防衛)

① 食作用

　第二段階の免疫システムは，自然免疫です。自然免疫では，白血球が体内に侵入した異物を直接取り込み，分解して排除します。このはたらきを**食作用**といいます。自然免疫に関わる白血球は，マ

クロファージや**樹状細胞**，**好中球**などの**食細胞**です。

図25　食細胞による食作用

異物を食べているみたいですね。だから「食作用」なんですね。

そう。そして「食作用」を示すから，「食細胞」。そのまんまのネーミングだね。

② 炎症

　異物が侵入した部位が赤く腫れる反応を**炎症**といいます。炎症は，マクロファージのはたらきによって毛細血管が拡張し，血流量が増えることでおこります。熱や痛みなどを伴う反応ですが，食作用を促す効果があります。

病気になると発熱することがあるよね。つらいけど，あれは免疫が戦ってくれている証拠なんだよ。体温を上げると，侵入してきた細菌類の増殖を抑えることができるし，加えて，免疫系の活性化を促してくれるんだよ。

③ 異物の認識

　食細胞は，細菌やウイルスが共通してもつ特徴を認識して食作用を行います。

　また，食細胞以外に，リンパ球の一種である**ナチュラルキラー細胞**(NK細胞)も，異物の認識にはたらきます。**ナチュラルキラー細胞はウイルスに感染した細胞やがん細胞などを直接攻撃して排除します。**

5 適応免疫（第三防衛）

　自然免疫で排除しきれなかった異物に対しては，第三の免疫システムである適応免疫がはたらきます。**適応免疫（獲得免疫）は，異物を特異的に認識して排除するはたらきで，T細胞やB細胞などのリンパ球が起点となります**。まずは，リンパ球のはたらきから見ていきましょう。

「特異的」っていうのは，相手が決まっているっていうイメージだね。例えば，麻疹ウイルスには麻疹用の免疫がはたらくってことだよ。

① リンパ球のはたらき

　T細胞やB細胞のようなリンパ球が，異物として認識する物質を**抗原**といいます。一つのリンパ球は1種類の抗原しか認識できませんが，認識する抗原が異なる多様なリンパ球が全身のリンパ節に広がっているため，全体としてはさまざまな抗原に対応することができます。

　樹状細胞やマクロファージは異物を認識するとその異物を取り込んで消化・分解し，一部を細胞の表面に提示します。これを**抗原提示**といいます。特に樹状細胞による抗原提示は，適応免疫を開始する重要な役割があります。

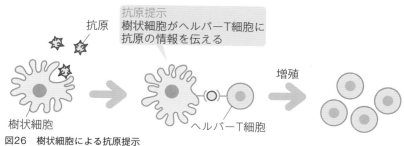

図26　樹状細胞による抗原提示

② 免疫寛容（自己を攻撃しない方法）

　T細胞やB細胞は自己と非自己を正しく識別し，非自己に対して

のみ攻撃を行います。ですが実は，T細胞やB細胞がつくられる過程では，自己に対して攻撃をするものもつくられます。これらは成熟する過程で選別が行われ，**自己に対して攻撃する細胞は死滅したり，はたらきが抑制されたりします**。このように，自分自身に対して免疫がはたらかない状態を**免疫寛容**といいます。この免疫寛容がうまくいかないと，自己を攻撃する自己免疫疾患（→p.151）を引きおこしてしまいます。

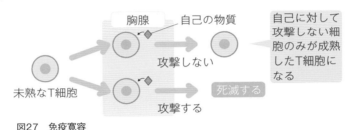

図27　免疫寛容

❸ 体液性免疫と細胞性免疫

適応免疫は**体液性免疫**と**細胞性免疫**にわけられます。**体液性免疫は，B細胞を中心とする免疫反応**です。抗原を認識して活性化したB細胞は，抗原と特異的に結合する**抗体**を分泌して，異物の排除を進めます。

一方，**細胞性免疫は，T細胞を中心とする免疫反応**です。T細胞の一種である**キラーT細胞**が，ウイルスなどに感染した細胞やがん化した細胞を直接攻撃することで異物の排除を進めます。また，**T細胞の一種であるヘルパーT細胞は体液性免疫，細胞性免疫のいずれでもはたらきます**。

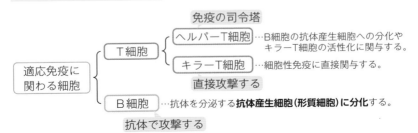

図28　体液性免疫と細胞性免疫

❹ 体液性免疫のしくみ

体液性免疫は，次のようなしくみで異物を排除しようとはたらきます。

①樹状細胞が食作用によって抗原を取り込み，リンパ節に移動してヘルパーT細胞に抗原提示をする。
②抗原提示された**ヘルパーT細胞**が同じ抗原を認識する**B細胞**の増殖・分化を促進する。
③活性化されたB細胞は増殖して**抗体産生細胞（形質細胞）**へと分化し，大量の抗体（免疫グロブリンというタンパク質）を体液中に分泌する。
④抗体が特異的に抗原と反応する**抗原抗体反応**がおこる。抗体と抗原が結合したものはマクロファージ等に捕食されやすくなるため，食作用が促進され排除される。
⑤一部のヘルパーT細胞やB細胞は**記憶細胞**になり，体内に残る。

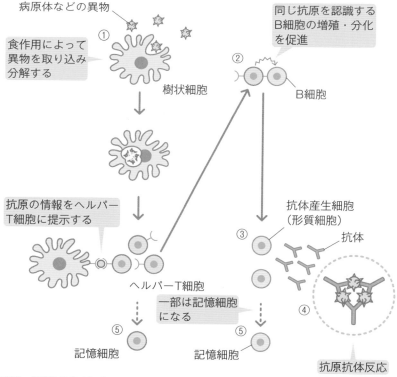

図29　**体液性免疫のしくみ**

⑤ 細胞性免疫のしくみ

　細胞性免疫は，次のようなしくみで異物を排除しようとはたらきます。

①樹状細胞が食作用によって抗原を取り込み，リンパ節に移動して**抗原提示**をする。
②抗原提示を認識したT細胞が活性化し，**ヘルパーT細胞**や**キラーT細胞**に分化する。
③ヘルパーT細胞は活性化し，キラーT細胞を活性化する物質を分泌する。この物質により，キラーT細胞は増殖する。
④増殖したキラーT細胞はリンパ節を出て，ウイルスに感染した細胞を直接攻撃して排除する。キラーT細胞によって攻撃され，死滅した細胞は，活性化されたマクロファージなどの食作用によって排除される。
⑤ヘルパーT細胞はリンパ節から出て，マクロファージを活性化させる。
⑥キラーT細胞やヘルパーT細胞の一部は**記憶細胞**になり，体内に残る。

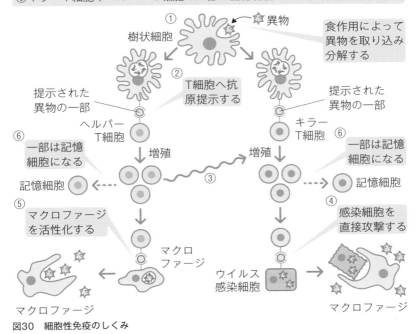

図30　細胞性免疫のしくみ

 臓器移植などで**拒絶反応**がおこってしまうのは細胞性免疫のしくみによるものなんだよ。

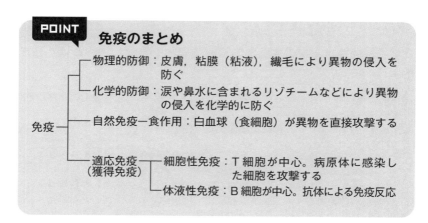

POINT **免疫のまとめ**

物理的防御：皮膚，粘膜（粘液），繊毛により異物の侵入を防ぐ

化学的防御：涙や鼻水に含まれるリゾチームなどにより異物の侵入を化学的に防ぐ

免疫

自然免疫—食作用：白血球（食細胞）が異物を直接攻撃する

適応免疫（獲得免疫）

細胞性免疫：T 細胞が中心。病原体に感染した細胞を攻撃する

体液性免疫：B 細胞が中心。抗体による免疫反応

6 免疫記憶

　ある病原体にはじめて感染したとき，リンパ球が増殖して病原体の排除にはたらきます。このような反応を**一次応答**といいます。この反応は，おこるまでに時間がかかります。

　一次応答のときに増殖したリンパ球の一部は，抗原の情報を保持する**記憶細胞**となって体内を循環するようになります。そして，再び同じ抗原に出合うと，速やかに増殖・分化して強い免疫反応をおこします。このようなしくみを**免疫記憶**といい，**同じ病原体に感染したときの免疫の反応を二次応答**といいます。

　体液性免疫では，B 細胞の一部が記憶細胞として体内に残ります。この記憶細胞は，病原体に対する抗体の情報を残しているため，同じ病原体が再び侵入してくると，迅速に増殖し，多量の抗体を産生します。このしくみによって，同じ病原体が侵入したときに，発病しなかったり，発病しても症状が軽くすんだりします。

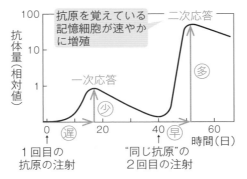

図31 一次応答と二次応答

１回目の反応は遅くて抗体も少ないけど，２回目の反応は早くて抗体も多いね。この免疫記憶のしくみを利用したのがワクチンだよ。

過去問 にチャレンジ

　免疫には，物理的・化学的な防御を含む自然免疫と獲得免疫（適応免疫）がある。

　また，免疫を人工的に獲得させ，感染症を予防する方法として，予防接種がある。　　　　　　　　　　（センター試験）

　下線部に関する記述として**誤っているもの**を，次の①～⑤のうちから一つ選べ。

① マクロファージは，細菌を取り込んで分解する。

② ナチュラルキラー（NK）細胞は，ウイルスに感染した細胞を食作用により排除する。

③ だ液に含まれるリゾチームは，細菌の細胞壁を分解する。

④ 皮膚の角質層や気管の粘液は，ウイルスの侵入を防ぐ。

⑤ 汗は，皮膚表面を弱酸性に保ち，細菌の繁殖を防ぐ。

① マクロファージや樹状細胞，好中球は細菌を取り込んで分解する食作用を行う。よって正しい。

② ナチュラルキラー（NK）細胞は食作用ではなく，異常な細胞に直接攻撃をする。よって誤り。

③ だ液，涙，汗などの分泌物には細菌の細胞壁を分解するリゾチームが存在する。よって正しい。

④ 特に角質層は死細胞であり，生細胞にしか感染できないウイルスは感染できない。よって正しい。

⑤ 皮膚は汗などにより弱酸性で細菌の増殖を抑える。よって正しい。

答え ②

　免疫に関わる細胞の名前やはたらきは共通テストで頻出なので，正しく覚えておこう。

状細胞は関係ないため，イは誤り。ヘルパーＴ細胞は体液性免疫だけでなく細胞性免疫にも関与するため，ウも誤りである。

　この問題のように，免疫の分野ではメカニズムや反応の流れについての問題は頻出だよ。免疫の全体像と各反応の流れを理解しておこう。

過去問にチャレンジ

　ヒトの体内に侵入した病原体は，自然免疫の細胞と獲得免疫（適応免疫）の細胞が協調してはたらくことによって，排除される。自然免疫には，食作用をおこすしくみもあり，獲得免疫には，一度感染した病原体の情報を記憶するしくみもある。

（センター試験）

　下線部に関連して，以前に抗原を注射されたことがないマウスを用いて，抗原を注射したあと，その抗原に対応する抗体の血液中の濃度を調べる実験を行った。１回目に抗原Ａを，２回目に抗原Ａと抗原Ｂとを注射したときの，各抗原に対する抗体の濃度の変化を表した図として最も適当なものを，次の①〜④のうちから一つ選べ。

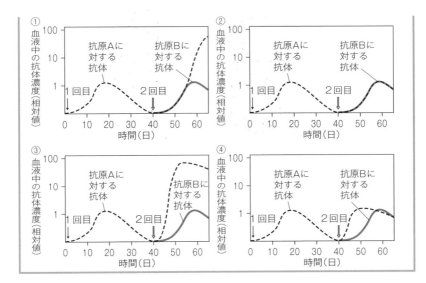

　抗原Ａの１回目の注射によってマウスには抗原Ａに対する記憶細胞ができる。２回目に抗原Ａと抗原Ｂとを注射したとき，抗原Ａに対しては記憶細胞があるため，１回目と比べて速やかに増殖し，抗体を多量に分泌する。一方，抗原Ｂに対しては一次応答がおこる。この反応を表したグラフは③が正しい。 答え ③

　一次応答と二次応答を比較する問題は頻出である。グラフの変化点に着目し，適切に読み取ろう。

THEME

6 免疫と医療

ここで
きめる！

📖 病気の中には，免疫のはたらきが低下することでおこるもの
や，免疫反応が異常にはたらくことで発症するものがあるよ。

📖 予防接種は病気を予防するための方法，血清療法は病気を
治療するための方法だよ。

6

免疫と医療

1 免疫と病気

　私たちが病気になるとき，その原因はウイルスや細菌に感染する
ことだけではありません。免疫のはたらきが低下したり，免疫反応
が異常にはたらいたりすることで引きおこされる病気もあります。

① 免疫のはたらきの低下による病気

　エイズ(**AIDS**, <ruby>後天性免疫不全症候群<rt>こうてんせいめんえきふぜんしょうこうぐん</rt></ruby>)は，**ヒト免疫不全ウイ
ルス**(**HIV**)が原因の病気です。HIV はヘルパーT細胞に感染して増
殖し，次々とヘルパーT細胞を破壊します。体内のヘルパーT細胞
が減少すると，免疫機能が著しく低下するため，健康な人ならば発
症しないような病原性の低い病原体に対しても発症するようになっ
てしまうのです。これを<ruby>日和見感染<rt>ひよりみかんせん</rt></ruby>といいます。

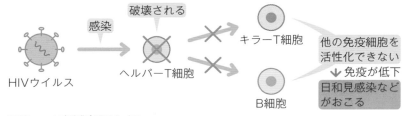

図32　エイズが発症するしくみ

② 免疫の異常反応

●アレルギー

アレルギーは，免疫が過剰にはたらくことで，鼻水や眼のかゆみ，くしゃみ，じんましんなどの症状を引きおこす病気です。アレルギーを引きおこす物質を**アレルゲン**といいます。例えば，花粉症もアレルギーの一種で，スギやヒノキの花粉がアレルゲンです。

アレルゲンの種類は多様で，食品や薬品，ハウスダストなどの場合もあります。症状もまた多様で，短時間で急激な血圧の低下や呼吸困難等の重篤な症状がおきる場合もあります。このような重いアレルギーを**アナフィラキシーショック**といいます。

●自己免疫疾患

自己免疫疾患は，本来免疫反応を示さない自己に対して免疫系がはたらき，自己を抗原と認識して攻撃するようになる病気です。例えば，Ⅰ型糖尿病（→p.131）はすい臓のランゲルハンス島B細胞を抗原と認識し，破壊することで引きおこされます。また，関節リウマチは，関節にある細胞が攻撃され，炎症をおこしたり変形したりすることで引きおこされます。

2 免疫と医療

① 予防接種

予防接種とは，弱毒化や無毒化した病原体・毒素を抗原として健康な人に与えて，免疫記憶を成立させることで病気の発症を防ぐ予防方法のことです。このときに接種する抗原をワクチンといいます。結核や天然痘など，かつては生命に関わるとされていた感染症も，ワクチンの開発によって予防できるようになりました。

② 血清療法

血清療法は，他の動物（ウマやヒツジ）に抗原を与え，それに対する抗体をつくらせ，その抗体を含む血清を注射する治療法のことです。 例えば，ハブのような毒ヘビに噛まれた際には，ヘビの毒素に対する血清を注射することで，毒素の作用を阻害できます。

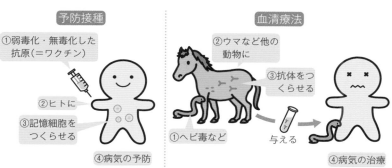

	予防接種	血清療法
①抗原は？	弱毒化・無毒化した抗原（ワクチン）	ヘビ毒など
②誰がつくる？	ヒト	ウマなど他の動物
③どうやって？	記憶細胞（免疫記憶）をつくらせる	抗体をつくらせる
④目的は？	病気の予防	病気の治療

図33　予防接種と血清療法の違い

COLUMN　免疫と感染症予防の研究　ー身近な生物学❷ー

　天然痘はかつて生命に関わる病気だった。医学者のジェンナー先生が天然痘のワクチンを開発して，世界中から天然痘が根絶したといわれている（この天然痘のワクチンが世界最初のワクチンともいわれている）。

　ちなみに，1000円札の新紙幣の肖像になっている微生物学者の北里柴三郎先生は，破傷風やジフテリアの血清療法を開発した人だ。

　免疫に関するいろんな研究者の研究の積み重ねによって，現在の感染症予防につながっているんだね。

❸ 免疫療法

免疫療法は，リンパ球のはたらきを強めることで，がん細胞への攻撃を強め治療する方法です。免疫療法に関する研究の功績によって，本庶佑（京都大学特別教授）らは2018年にノーベル生理学・医学賞を受賞しました。

❹ 抗体医薬

抗体医薬は，特定の物質に対する抗体を用いた治療薬のことです。例えば，関節リウマチの炎症やがんに対する治療薬として，抗体医薬が活用されています。

過去問にチャレンジ

　免疫応答は健康を保つために不可欠な反応であるが，時として過剰な応答がおこる場合や，逆に必要な応答がおこらない場合がある。<u>免疫機能の異常に関連した疾患</u>の例として，アレルギーやエイズ（後天性免疫不全症候群）がある。

（センター試験）

　下線部について，免疫と医療に関する記述として**誤っているもの**を，次の①〜⑥のうちから二つ選べ。
① 　アレルギーは免疫反応の低下によって引きおこされる。
② 　臓器移植の際におこる拒絶反応は，免疫反応の一つである。
③ 　子どものころに，麻疹にかかると，その後ほとんどかからない。
④ 　赤血球は，体内に入った異物と結合する物質をつくり出す。
⑤ 　血清療法では，毒素をヒト以外の動物に注射して得られた抗体を治療に用いる。
⑥ 　伝染病の予防に用いるワクチンは，毒性を弱めた病原体や死んだ病原体などである。

① アレルギーは免疫反応が過剰にはたらくことでおこる。よって，誤り。

② 臓器移植の際におこる拒絶反応は細胞性免疫による。よって，正しい。

③ はじめて麻疹にかかると，麻疹に対する記憶細胞ができるので，2回目以降の感染では二次応答がおこり，麻疹にかかりにくくなる。よって，正しい。

④ 異物と結合する物質とは抗体のことである。抗体を分泌する細胞は赤血球ではなく，リンパ球のB細胞から分化した抗体産生細胞である。よって，誤り。

⑤ 血清療法は他の動物につくらせた抗体を含む血清を治療に用いる。よって，正しい。

⑥ 伝染病の予防に用いるワクチンは，弱毒化・無毒化した病原体などが用いられる。よって，正しい。

答え ①，④

SECTION

植生の多様性と生態系の保全

THEME

1 植生と遷移
2 バイオーム
3 生態系と生物の多様性

SECTION 4で学ぶこと

　SECTION 4は知識の整理と応用が重要です。頻出の「バイオーム」の分野では，各バイオームの分布や特徴，代表的な植物などを覚えておきましょう。また，「環境保全」も出題頻度が増えてきています。身近な例と関連づけをして考え方などを整理しましょう。

> **ここが問われる！** 陸上のバイオームは年平均気温と年降水量で決定される！

　バイオームとは，ある地域の植生とそこに生息する動物や微生物を含めた生物のまとまりのことです。陸上のバイオームは，主にその地域の年平均気温と年降水量によって決定されます。年平均気温と年降水量に着目して，各バイオームの特徴を整理しましょう。

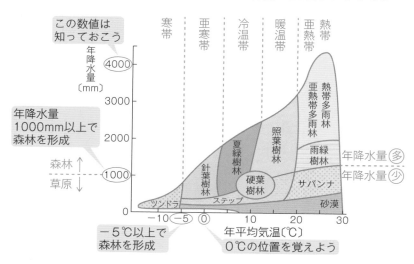

ここが問われる！ 人間の活動が環境にどのような影響を与えているかを整理しよう！ 外来生物や絶滅危惧種などの生物例も確認しよう！

　ニュースで報道されているような地球温暖化や水質汚染などの人間の活動が環境に与える影響は身近な生物学として頻出の分野です。また，外来生物や絶滅危惧種など生物例やその影響が多く出るのもこの単元の特徴です。共通テストで出題されることがあるので確認しておきましょう。

☐ 地球温暖化

　地球温暖化は，二酸化炭素やメタンなどの温室効果ガスによる温室効果が主な原因です。生物の生息環境の消失や生息域の変化，水温上昇によるサンゴの死滅などの被害があります。

☐ 水質汚染

　河川や湖沼に汚水が流入しても，さまざまな生物の作用で水質はもとにもどり，生態系のバランス・復元力が保たれます。しかし，生活排水などが大量に流入するなど生態系のバランス・復元力を超える場合は水質が汚染されます。

☐ 外来生物

　外来生物は，人間活動によって他の生態系から運ばれ，定着した生物のことです。日本における外来生物には，アメリカザリガニやセイヨウタンポポなどがあります。

☐ 絶滅危惧種

　絶滅危惧種とは，個体数が減少し続けており，絶滅のおそれがある生物のことです。日本の絶滅種にはニホンオオカミなどがあります。

> SECTION 4 も「身近な生物学」がキーワードだよ。環境問題や生物例が出題されることがあるので，日頃からアンテナを張って知識を吸収しよう。

THEME

1 植生と遷移

ここで
きめる!

🔖 植生は相観によって森林・草原・荒原にわけられるよ。

🔖 光合成速度は，見かけの光合成速度と呼吸速度を合わせた値だよ。

🔖 遷移には一次遷移と二次遷移があり，一次遷移の進行のほうが時間がかかるよ。遷移の流れはしっかりイメージ化しよう。

1 植生

① 相観と優占種

ある一定の地域に生息し，その地域の表面を覆っている植物全体を植生といいます。**植生は，その地域の気温や降水量によって決まるため，気候に応じて異なった植生ができます。**植生全体を外からながめたときの様子を相観といいます。植生を構成する植物のうち，個体数が多く地表面を覆う割合が高い種を優占種といいます。例えば，スギを優占種とする森林はスギ林と呼ぶことがあります。

② 植生の分類

地球上にはさまざまな植生がありますが，相観によって，**森林・草原・荒原**の三つに大別されます。

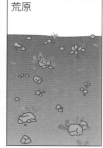

図1 植生の分類

●森林

森林は，年降水量の多い地域に成立する植生で，密に生えた樹木が植生の外観を特徴づけています。森林は，**熱帯多雨林・照葉樹林・夏緑樹林・針葉樹林**などに分類されます。

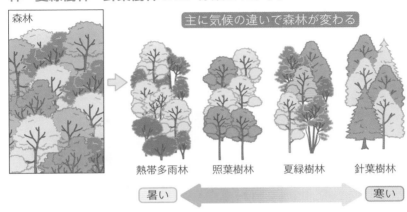

図2　森林の分類

●草原

草原は，年降水量が少なく樹木が生育できない地域に成立する植生で，主にイネ科の草本植物からなります。草原は**サバンナ，ステップ**などに分類されます。

●荒原

荒原は，高山や極地，溶岩流の跡地などにみられる植生で，植物がまばらにしか見えません。年降水量がきわめて少なく乾燥の激しい**砂漠**や，高緯度で極端に年平均気温が低い地域の**ツンドラ**などが知られています。

年降水量が1000mmを超えると森林ができて，1000mm以下だと草原または荒原ができるよ。これはバイオームで重要になるから覚えておこう。

③ 森林の階層構造

　一般に発達した森林は，高さによって上から，**高木層**・**亜高木層**・**低木層**・**草本層**・**地表層**などのような**階層構造**をとります（図3）。**森林の最上部にある葉や枝の集まりを林冠，森林の最下部を林床といいます**。林冠から林床に下がるにつれて到達する光の量が少なくなっていくため，それぞれの層ではその高さの光の量に適応した植物が生育しています。

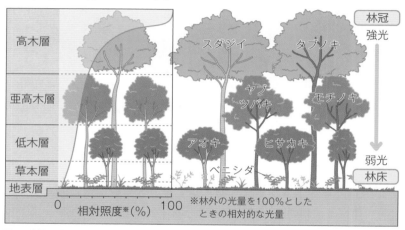

図3　森林の階層構造

④ 植生と土壌

　土壌は岩石が風化した砂などに，落葉・落枝，生物の遺体が分解された有機物が混じってできます。森林のように有機物が豊富に供給される場所では土壌が発達します。土壌は，表面か

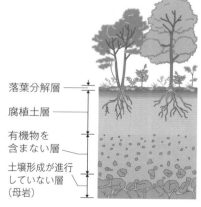

図4　森林の土壌（断面の模式図）

ら順に，**落葉分解層・腐植土層・有機物を含まない層・土壌形成が進行していない層（母岩）**にわかれます。

2 光合成と環境要因

❶ 見かけの光合成速度と環境要因

　植物は，光合成で二酸化炭素を吸収するとともに，呼吸によって二酸化炭素を放出します。出入りする二酸化炭素に着目して，単位時間あたりの植物の光合成量および呼吸量を表したものを，それぞれ**光合成速度**，**呼吸速度**といいます。

CO₂吸収量/時間 （光合成速度）
CO₂放出量/時間 （呼吸速度）

実験ではこの差が測定値となる。この測定値を見かけの光合成速度という。（見かけ上，どれだけ光合成を行ったかのイメージ）

光合成速度＝見かけの光合成速度＋呼吸速度

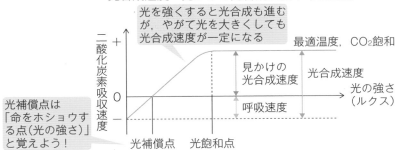

光を強くすると光合成も進むが，やがて光を大きくしても光合成速度が一定になる

最適温度，CO₂飽和

見かけの
光合成速度

光合成速度

呼吸速度

二酸化炭素吸収速度

光の強さ
（ルクス）

光補償点は「命をホショウする点（光の強さ）」と覚えよう！

光補償点　光飽和点

図5　光合成速度と呼吸速度の関係

　グラフからわかるように，実際に植物が行った**光合成速度**は，**見かけの光合成速度**と**呼吸速度**を合わせた値です。
　光が0の暗黒時は，光合成による二酸化炭素の吸収は起こらず，呼吸による二酸化炭素の放出のみが行われています。少しずつ光の強さを上げていくと，光合成速度と呼吸速度が等しくなり，見かけ上二酸化炭素の出入りがみられなくなります。このときの光の強さ

を**光補償点**といいます。光の強さを上げていくと，二酸化炭素の吸収速度も上がっていきますが，ある強さ以上になると，二酸化炭素吸収速度が一定になります。このときの光の強さを**光飽和点**といいます。

　暗黒時から光補償点の明るさのときは，光合成よりも呼吸のほうが上回るため，二酸化炭素の吸収速度がマイナスになり，植物は生育できません。光補償点以上の明るさで植物は生育ができるようになります。

❷ 陽生植物と陰生植物

　日当たりのよい場所でよく生育する植物を**陽生植物**，日当たりの悪い場所でも生育する植物を**陰生植物**といいます。また，陽生植物の樹木を**陽樹**，陰生植物の樹木を**陰樹**といいます。

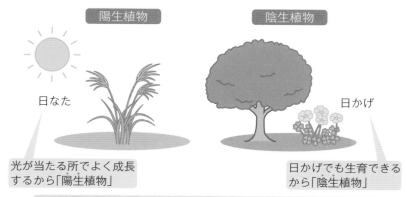

図6　陽生植物と陰生植物

　光のよく当たる場所では陽生植物がよく成長しますが，森林の林床のように比較的光の弱い場所では陰生植物がよく成長します。二酸化炭素の吸収速度に着目して陽生植物と陰生植物を比較すると，次のグラフのような特徴があります。

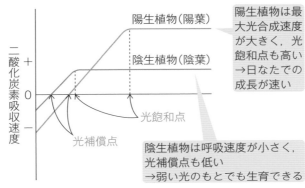

図7 陽生植物と陰生植物の光合成速度

3 植生の遷移

1 遷移

　ある場所の植生が時間とともに変化していく現象を**遷移**といいます。遷移のうち，植物や土壌のまったくない完全な裸地から始まる遷移のことを**一次遷移**といい，伐採・山火事・放棄された畑の跡など植物や土壌を含む場所から始まる遷移のことを**二次遷移**といいます。遷移が進むと，遷移の最終到着点である安定した状態に達します。この状態のことを**極相（クライマックス）**といいます。二次遷移は一次遷移と比べて，極相に達する時間が短いという特徴があります。

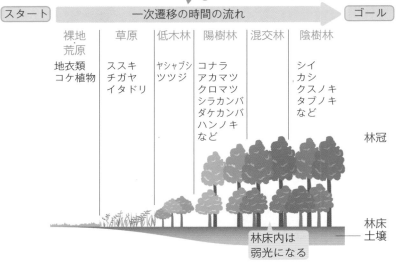

図8　植物の遷移

② 一次遷移

　一次遷移は裸地に**先駆植物（パイオニア植物）**が侵入することから始まります。先駆植物は，成長に土壌を必要としない地衣類やコケ植物，わずかな土壌でも生育できるススキやイタドリなどの草本植物などのことです。一次遷移は次のステップで進行します。

---

① 裸地に，乾燥に強い(耐乾性の高い)コケ植物・地衣類が生育する(荒原となる)。
② コケ植物・地衣類が枯れて土の肥料となり，土壌が形成され，イタドリやススキなどの草本植物が生育する(草原となる)。その後，枯葉などにより土壌がさらに形成される。
③ 草原にヤシャブシなどの陽樹が侵入し，**低木林**へと変化する。
④ 陰樹よりも成長が速い陽樹が成長し，やがて**陽樹林**を形成する。
⑤ 陽樹林が形成されると林床の光が弱くなるため，陽樹の幼木は生育できなくなる。一方で，光補償点の低い陰樹の幼木は生育できるため，陽樹と陰樹が混ざった**混交林**となる。
⑥ 陰樹が陽樹にとってかわり，最終的に安定した**陰樹林**となる(極相(クライマックス)となる)。

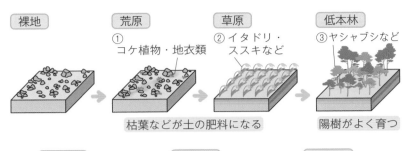

| 裸地 | 荒原 | 草原 | 低本林 |

① コケ植物・地衣類

② イタドリ・ススキなど

③ ヤシャブシなど

枯葉などが土の肥料になる　　　　陽樹がよく育つ

| 陽樹林 | 混交林 | 陰樹林 |

④ 　　　⑤ 林床の光が弱い 　　　⑥

林床が弱光なので陽樹の幼木が生育できなくなる

陰樹の幼木が生育できるので陽樹から陰樹へかわっていく

極相(クライマックス)となる

図9　一次遷移

植物の例

〈先駆植物（パイオニア植物）〉

　荒原：コケ植物・地衣類など

　草原：イタドリ，ススキ，チガヤなど

〈低木林〉ヤシャブシ，ウツギ，ツツジなど

〈陽樹〉クリ，コナラ，アカマツ，クロマツ，シラカンバ，ダケカンバなど

〈陰樹〉シイ，カシ，クスノキ，タブノキ，ブナ，シラビソ，エゾマツ，トドマツなど

植物の例は入試頻出なので，しっかり覚えておこう。陽樹は，次の語呂合わせで覚えられるよ。

「陽樹：栗屋なら 赤・黒・白 だけで看板にしよう」

　　　　クリ，コナラ　　↑　　　　ダケカンバ　　　陽樹

　　　アカマツ，クロマツ，シラカンバ

③ 乾性遷移と湿性遷移

　遷移は湖沼から始まる場合もあります。湖沼から始まる遷移を湿性遷移といいます。一方，陸地から始まる遷移を乾性遷移といいます。

④ 森林のギャップ更新

　高木の枯死や台風による倒木などによって林冠に**ギャップ**（穴）ができると，そこから**二次遷移**が始まります。ギャップにおける森林の樹木の入れ替わりを**ギャップ更新**といいます。森林は，**極相林になったあとも，このような部分的な遷移をくり返しています。**

　熱帯多雨林では，林冠にギャップができると，そこから強光が差し込みます。その結果，それまで生育が抑えられていた陽樹の幼木や種子まで急速に成長し始めます。このように，**ギャップができることで森林の多様性が保たれています**。

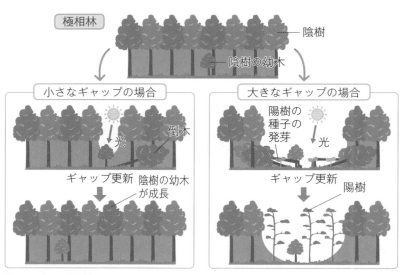

図10　ギャップ更新

⑤ 二次遷移

　二次遷移は山火事や森林伐採などによって植生の大部分が失われたときにもおこります。このような場合は，土壌が残っているため，植物が素早く成長することができるので，一次遷移に比べると短い時間で遷移が進行します。

表1 一次遷移と二次遷移の特徴

	遷移の始まり	遷移の初期	極相に達するまでの時間
一次遷移	火山の噴火 新しい島など	裸地	長い
二次遷移	山火事 森林伐採など	土壌ができている	短い

過去問 にチャレンジ

　光合成を行う植物にとって，光の強さは重要な環境要因である。植物には直射日光の下でも生育できる陽生植物と，弱い光でも光合成ができ，生育できる陰生植物がある。陰生植物は強い光の下では障害を受けやすく，例えば，ワサビは直射日光を遮って栽培されている。

　光の強さを変化させて二酸化炭素（CO_2）の吸収速度を測定すると，植物や葉の種類によって，図の(ア)と(イ)のような曲線となる。

（センター試験）

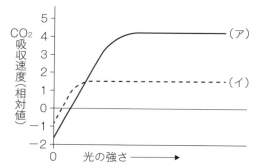

　マツ林におけるマツの林冠の葉と林床の植物の葉とでは，光環境が大きく異なる。マツと林床に生えている植物についての記述として，正しいものはどれか。次の①〜⑦のうちから二つ選べ。

① マツの林冠の葉と林床の植物の葉はともに，図の(ア)のような曲線を示す。

② マツの林冠の葉は図の(ア)のような曲線を，林床の植物の葉は(イ)のような曲線を示す。

③ マツの林冠の葉は図の(イ)のような曲線を，林床の植物の葉は(ア)のような曲線を示す。

④ 林床の植物には，陽生植物が多い。

⑤ 林床の植物は，直射日光が当たっても，光による障害を

受けない。

⑥　マツ林が火事で焼けたあと，林床の植物が最初に生えてくる。

⑦　マツ林が火事で焼けたあと，陽生植物が最初に生えてくる。

　グラフから(ア)は陽生植物，(イ)は陰生植物とわかる（→p.163）。①，②，③の林冠の葉は強光が当たるので陽生植物の(ア)のグラフを，林床の葉は弱い光が当たるので陰生植物の(イ)のグラフを示す。よって①は誤り，②は正しい，③は誤りとわかる。

　④について，林床は弱光なので陰生植物が多い。よって④は誤り。

　⑤について，問題文に「陰生植物は強い光の下では障害を受けやすく」とあるが，林床には陰生植物が多く，直射日光を受けると光による傷害を受ける。よって⑤は誤り。

　⑥，⑦について，火事で焼けた跡にはギャップができて強い光が林床に当たる。ゆえに，強光下でよく生育する陽生植物が最初に生えてくる。よって，⑥は誤り，⑦は正しい。

答え　②，⑦

　ある土地の植生が時間とともに変化する現象は(a)遷移と呼ばれる。環境条件や遷移開始時の状況が違うと，異なる様式の遷移がみられる。例えば，湖沼から始まる遷移と，陸地から始まる遷移とでは，遷移の進行過程が異なる。また，(b)噴火直後の溶岩台地から始まり森林に至る遷移と，森林伐採の跡地から始まる遷移とでは，遷移の進行過程が異なる。　　　　　（センター試験）

問1　下線部(a)に関する記述として最も適当なものを，次の①〜⑤のうちから一つ選べ。

① 遷移が進み極相となっている森林では，種の構成が，全体として大きく変化しない。

② 遷移が進み極相となった森林の林床（地表付近）は，どこも同じ程度の暗さに保たれている。

③ 噴火直後の溶岩台地から始まり森林に至る典型的な遷移は，裸地・荒原→草原→高木林→低木林の順に進行する。

④ 噴火直後の溶岩台地から始まり森林に至る遷移の初期では，窒素化合物などの栄養塩や水分を豊富に利用できるため，このような環境に適応した植物が侵入・定着する。

⑤ 湖沼から始まる遷移は，乾性遷移と呼ばれる。

問2　下線部(b)に関して，次の文章中の　ア　〜　エ　に入る語の組み合わせとして最も適当なものを，下の①〜⑧のうちから一つ選べ。

　　森林伐採の跡地などから始まる遷移が　ア　と呼ばれるのに対して，噴火直後の溶岩台地から始まり森林に至る遷移は　イ　と呼ばれる。　ア　では，遷移の始まりから　ウ　が存在するため，　ア　の進行は，　イ　の進行と比べて，　エ　。

	ア	イ	ウ	エ
①	一次遷移	二次遷移	風化した岩石	速 い
②	一次遷移	二次遷移	風化した岩石	遅 い
③	一次遷移	二次遷移	土 壌	速 い
④	一次遷移	二次遷移	土 壌	遅 い
⑤	二次遷移	一次遷移	風化した岩石	速 い
⑥	二次遷移	一次遷移	風化した岩石	遅 い
⑦	二次遷移	一次遷移	土 壌	速 い
⑧	二次遷移	一次遷移	土 壌	遅 い

問1

① 極相に達すると安定した状態になるので，種の構成があまり大きく変化しない。よって，正しい。

② 極相になっても倒木などによりギャップができると林床に強光が差し込む。よって，誤り。

③ 遷移は裸地・荒原→草原→低木林→高木林の順に進行する。よって，誤り。

④ 噴火直後の溶岩台地から始まる遷移の初期では，窒素化合物などの栄養塩や水分があまりなく，わずかな栄養や土壌でも生育できるコケ植物や地衣類などの先駆植物が侵入・定着する。よって，誤り。

⑤ 陸上から始まる遷移を乾性遷移，湖沼などから始まる遷移を湿性遷移という。よって，誤り。

答え ①

問2

森林伐採の跡地など土壌が存在する状態から始まる遷移を二次遷移，噴火直後の溶岩台地など土壌が存在しない状態から始まる遷移を一次遷移という。二次遷移では土壌がすでに存在するので二次遷移の進行は，一次遷移の進行と比べて，極相に達するまでの時間が速い。よって，答え ⑦

2 | バイオーム

ここで
きめる!

- バイオームはその地域の気温と降水量で決まるよ。
- それぞれのバイオームの特徴と植物名を覚えよう。
- 日本では降水量が十分に多いので，バイオームは主に気温のみで決まるよ。

1 バイオーム

　THEME 1 では植物に焦点を当てていましたが，地球上には動物をはじめとして植物以外の多様な生物が生息しています。ある地域の植生と，そこに生息する動物や微生物などを含めた生物のまとまりのことを**バイオーム**（生物群系）といいます。**陸上のバイオームは，主にその地域の気温と降水量によって決定されます。**

2 気候とバイオーム（世界のバイオーム）

　陸上のバイオームは，年降水量と年平均気温によって植生の種類が変化します。年降水量と年平均気温に着目してバイオームの関係を表すと次のような図になります。

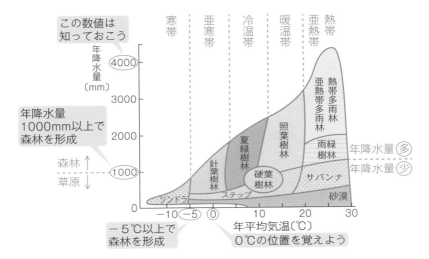

図11　気候とバイオーム

●年降水量に着目

　年降水量が1000mm以上だと森林に，1000mm以下だと草原ができます。一部の熱帯，亜熱帯では，年降水量が4000mmを超える地域もあります。

●年平均気温に着目

　年平均気温が約20℃以上だと熱帯，約0～20℃だと温帯，0～−5℃以下だと寒帯というように，大まかに分類できます。

●草原に着目

　年降水量1000mm以下に注目します。熱帯の草原はサバンナ，温帯の草原はステップ，寒帯の草原はツンドラです。また，雨がほとんど降らなくなると，年平均気温に関係なく砂漠になります。

●森林に着目

まずは，熱帯の森林のポイント。暑くて雨が多い地域は，植物にとって生育環境が整っているね。「熱帯の雨と植物が多い」で熱帯多雨林と覚えよう。
暑くて雨が少ない地域は，雨季と乾季がある地域だね。「雨季だけ緑の葉をつける」で雨緑樹林と覚えよう。

覚えやすいですね！

次に温帯の森林。温帯の中でも暖かい地域，イメージは西日本。「天気のよい日は山が照って見える」で照葉樹林。
温帯の中でも寒い地域，イメージは東北や北海道。冬は寒く植物にとって厳しい環境だね。「冬は葉を落とす＝夏は緑の葉をつけている」で夏緑樹林。
温帯の中でも雨が少ない地域，イメージはイタリア周辺のヨーロッパの地中海性気候。夏は雨が少ないため，「乾燥に耐えるため葉が硬くなる」で硬葉樹林。

ひとつひとつ整理できてきました！

最後に亜寒帯。亜寒帯の樹木はロシアなどにある「針のような葉をしている」で針葉樹林と覚えよう。

世界地図で各バイオームの位置関係を確認しておきましょう。

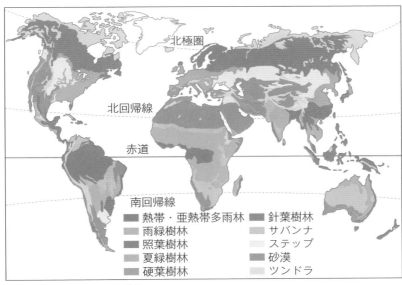

図12　世界のバイオームの分布

① 熱帯多雨林・亜熱帯多雨林

分布：年間を通して高温多湿な赤道付近

特徴：階層構造が発達しており，種類が豊富

代表的な植物：ラワン・ガジュマル・マングローブ（海岸や河口）・
フタバガキ・つる植物・着生植物など

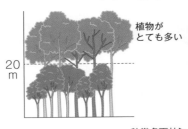

熱帯多雨林▶

※亜熱帯多雨林は，熱帯よりもやや緯度が高く，東南アジアや沖縄
などに分布。熱帯よりも樹数は減少し，優占種がある。代表的な
生物は，アコウ，ヒルギ，ソテツなど。

亜熱帯の代表的な植物は「赤穂に昼来てお手伝い」と覚えよう。
アコウ　ヒルギ　ソテツ

175

❷ 雨緑樹林

分布：年平均気温が高く低緯度な熱帯・亜熱帯の中で，乾季と雨季がはっきりしており，年降水量の少ない地域

特徴：雨季に緑の葉をつけ，乾季になると落葉する

代表的な植物：チークなど

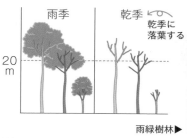

雨季　乾季　乾季に落葉する　20m

雨緑樹林▶

❸ 照葉樹林

分布：比較的年平均気温の高い暖温帯の地域。日本では九州・四国・本州西部など

特徴：常緑広葉樹林で林床は年中暗い。葉に光沢がある

代表的な植物：カシ・シイ・クスノキ・タブノキ

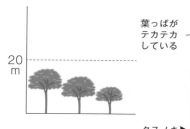

20m　葉っぱがテカテカしている

クスノキ▶

照葉樹林の代表的な植物は
「おかし と くすりはタブーでしょう」
　カシ・シイ　クスノキ　タブノキ　照葉
と覚えよう。

④ 硬葉樹林

分布：地中海周辺のような，温帯で夏に乾燥し，冬に雨の多い地域。日本では瀬戸内海周辺

特徴：葉のクチクラ層，樹皮のコルク層が発達している。葉は小さく，硬い

代表的な植物：オリーブ・コルクガシ・ユーカリ・ゲッケイジュ

イタリア料理に使うような
ヨーロッパの植物のイメージ
オリーブ▶

⑤ 夏緑樹林

分布：温帯の中でも，年平均気温が低い冷温帯地域。日本では本州東部・北海道西部

特徴：気温の低い冬は光合成ができず落葉し，気温の上昇する夏に葉をつける

代表的な植物：ブナ・ミズナラ・クリ・カエデ・ケヤキ・トチノキ

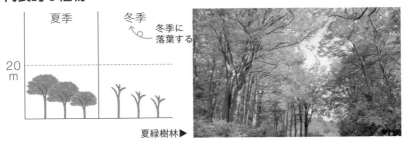

夏緑樹林▶

夏緑樹林の代表的な植物は
「**夏**だ　**無難な水着なら買える**」と覚えよう。
夏緑　ブナ　ミズナラ　カエデ

⑥ 針葉樹林

分布：年間を通して気温の低い亜寒帯地域。シベリア・アラスカ・北海道東部など

特徴：常緑樹林（落葉するものもある）

代表的な植物：トドマツ・トウヒ・シラビソ・コメツガ・エゾマツ・モミ・カラマツ

20
m

葉っぱが
針みたい

針葉樹林▶

針葉樹林の代表的な植物は
「信用 留まるには， 豆腐 白みそ 米使った料理でええぞ」
　針葉 トドマツ　　　　トウヒ シラビソ コメツガ　　　　エゾマツ
と覚えよう。

⑦ サバンナ

分布：熱帯・亜熱帯の乾燥地域

特徴：年降水量が少なく土壌が育たないため森林は形成されない。乾燥に強いイネの仲間が優占する。木本も点在する

代表的な植物：イネの仲間，アカシア

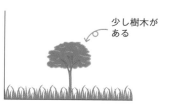

少し樹木が
ある

サバンナ▶

8 ステップ

分布：温帯の乾燥地域
特徴：イネの仲間が優占する。樹木はほとんど見られない
代表的な植物：イネの仲間

ステップ▶

9 砂漠

分布：熱帯・温帯の乾燥地域。雨がほとんど降らず，極端に年降水量が少ない地域
特徴：乾燥に強い植物が点在するが，植物はほとんど見られない
代表的な植物：サボテンなどの多肉植物

▲砂漠

10 ツンドラ

分布：年平均気温が−5℃以下の気温がきわめて低い寒帯地域
特徴：土壌中の栄養分が少ない。寒さに強い植物がわずかに生息
代表的な植物：主に草本，地衣類，コケ植物など

▲ツンドラとトナカイ

3　日本のバイオーム

　日本は各地で年間の平均降水量が1000mmを超えているため，一部を除いて遷移が進行すると森林が成立します。そのため，**植生の変化には気温の変化が影響します。**

❶ 水平分布

　気温は，北方にいくほど低く，南方にいくほど高くなり，緯度に応じて帯状に分布します。同じように，バイオームも緯度に応じて帯状に分布します。このような緯度に応じたバイオームの分布を**水平分布**といいます。

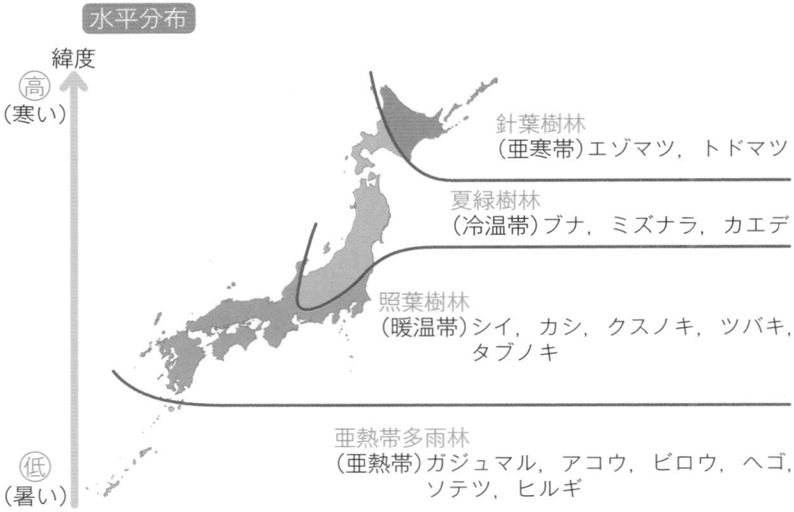

　水平分布

針葉樹林
（亜寒帯）エゾマツ，トドマツ

夏緑樹林
（冷温帯）ブナ，ミズナラ，カエデ

照葉樹林
（暖温帯）シイ，カシ，クスノキ，ツバキ，タブノキ

亜熱帯多雨林
（亜熱帯）ガジュマル，アコウ，ビロウ，ヘゴ，ソテツ，ヒルギ

図13　日本のバイオームの水平分布

❷ 垂直分布

　気温は標高が上がるほど低下します。一般に100m上がるごとに約0.5〜0.6℃ずつ低下していき，標高に応じてバイオームも変化していきます。このように標高の高さに応じたバイオームの分布を**垂直分布**といいます。

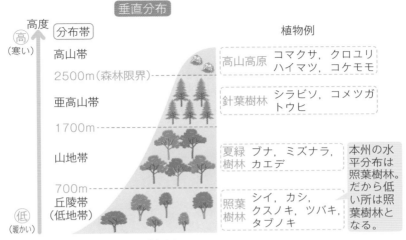

図14 本州中部のバイオームの垂直分布

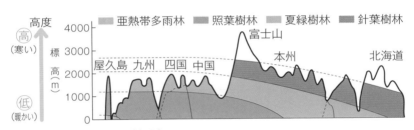

図15 日本のバイオームの垂直分布

　本州の中部では，標高の低いほうから順に，丘陵帯（照葉樹林）
→山地帯（夏緑樹林）→ 亜高山帯（針葉樹林）→ 高山帯（高山草原）
と分布帯とバイオームが変化します。高山帯は，低温などによって
森林ができません。これを**森林限界**と呼び，本州中部では標高が
2500m以上の場所に位置します。森林限界よりも上の地帯では，
低木や草本からなる特有の植生がみられ，夏になると**お花畑**と呼
ばれる**高山草原**がみられます。

　　年降水量1000mmを超える場所で，年平均気温が下がると
　　熱帯多雨林（亜熱帯多雨林）→ 照葉 → 夏緑 → 針葉
　　と変化するんだ。これを知っておくと実践的だよ。

過去問 にチャレンジ

陸上のバイオーム（生物群系）は植生を外から見たときの様子に基づいて区分される。世界には，図のように気温や降水量などの気候条件に対応したさまざまなバイオームが分布している。

（センター試験）

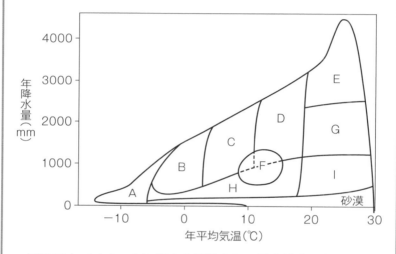

図に示すバイオームに関する記述として最も適当なものを，次の①〜⑤のうちから一つ選べ。

① バイオームAは，植物が生育できず，菌類や地衣類，およびそれらを食物とする動物から構成される。

② バイオームBは，亜寒帯に広く分布し，寒さや強風に耐性のある低木が優占する。

③ バイオームDは，厚い葉をもつ常緑広葉樹が優占し，日本では本州から北海道にかけての太平洋沿岸に成立する。

④ バイオームFは，ユーラシア大陸に特有で，他の大陸の同じ気候条件の地域では，バイオームC，D，またはHが成立する。

⑤ バイオームIは，イネのなかまの草本が優占するが，樹木が点在することもある。

それぞれのバイオームは，Aツンドラ，B針葉樹林，C夏緑樹林，D照葉樹林，E熱帯多雨林，F硬葉樹林，G雨緑樹林，Hステップ，Iサバンナである。

① Aツンドラでは，コケ植物や寒さに強い植物がわずかに生育する。よって誤り。

② B針葉樹林には，低木ではなく高木が存在する。よって，誤り。

③ D照葉樹林は，九州，四国，本州西部に成立している。よって，誤り。

④ F硬葉樹林は，ユーラシア大陸特有ではなく，他の大陸でも成立する。よって，誤り。

⑤ Iサバンナでは，イネ科が優占するが樹木も点在する。よって，正しい。

答え ▶ ⑤

　年降水量と年平均気温を軸とする図は頻出である。各バイオームの特徴と植物例を整理して覚えるようにしよう。

3 生態系と生物の多様性

ここで
きわめる！

- 生態系は生物的環境と非生物的環境によって構成され，互いに関わり合っているよ。
- 人間の活動によって，生態系に大きな影響を与えているよ。

1 生態系

生物は他の個体や種と相互に関わり合いながら生活をしていますが，同時に周囲の非生物的環境とも，物質的・エネルギー的に強く結びついています。このように一つの地域に生活するすべての生物と，それをとりまく非生物的環境を一つのかたまりとしてみなしたものを**生態系**といいます。この生態系内で生物と環境がどのような関係をもち，また現在の生態系がどのようになっているのかを考えてみましょう。

1 生態系とは

生物にとっての環境は，**生物的環境と非生物的環境**にわけられます。生物的環境は，同種・異種の生物の集まりからなり，非生物的環境は水や温度，光や土壌などからなります。

図16　生態系とは

生態系の中では，生物的環境と非生物的環境は互いに影響を及ぼし合っています。例えば，光が植物に光合成をさせるように，非生

物的環境が生物的環境に与える影響を**作用**といいます。一方で，植物の光合成が大気中の酸素濃度や二酸化炭素濃度に影響を与えるように，生物的環境が非生物的環境に与える影響を**環境形成作用**といいます。

図17　作用と環境形成作用の例

2 生態系の構造

　生態系の中で，植物のように無機物から有機物をつくる生物を**生産者**といいます。また，有機物を捕食する生物を**消費者**といい，消費者の中でも生物の死がいなどを有機物としてとり込み，無機物に分解する生物を**分解者**といいます。生産者・消費者・分解者の3者の共存によって物質が循環し，エネルギーが移動することでそれぞれの生活が維持されています。

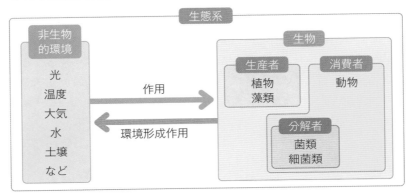

図18　生態系の構造

　生態系には，生産者が主に植物で構成される**陸上生態系**と，生産者が主に植物プランクトンなどで構成される**水界生態系**があり，

さらに人間生活と関わりの深い都市の生態系や農村の生態系など，さまざまな種類があります。これらの生態系はそれぞれが密接につながっています。例えば，陸上のクマが川の魚を食べたり，森の土壌の栄養(有機物)が雨によって海に流れ，プランクトンの栄養になったりするなど，生態系の間を生物や物質が移動しているのです。

COLUMN　生物の種多様性

　森林の中で土に穴を掘り，そこにエサを入れたプラスチックカップを埋めて一晩置くと，いろんな虫がうじゃうじゃと入っているのが観察できる。これにより，森林の土壌に多様な生物がいることがわかる。この生物種の多様さを生物の種多様性という。

　森の中以外でも同じ実験をやってみると，場所によって出てくる生物が変わる。グラウンドの土では生物は少ないだろうし，植え込みの土だと生物も多いだろう。植え込みはグラウンドと比べて湿り気があり，落ち葉なども多いから生物がすみやすいんだね。

一晩置くと

　このように生物の生活は環境と密接な関係をもっていて，環境によって生物の種多様性も変わる。種多様性も含めて生物に見られる多様性は生物多様性と呼ばれ，生物どうしでも密接な関係がある。

　生物多様性は，生態系・種・遺伝子という三つの側面からとらえることができる。

　生態系の多様性は，陸上・海洋・河川・湖沼など場の多様性のことを指す。

　種の多様性は，ある生態系における種の多様さを指す。種の多様性は生態系によって異なり，熱帯多雨林のように低緯度で面積の大きい場所は種数が多い傾向にあるけど，ツンドラのように孤立している生息地は種数が少なくなる傾向があるんだ。

遺伝子の多様性は同種内における遺伝子の多様性を指す。遺伝子の多様性があるから，同種間でも個体間に違いが生じるんだ。

このように生態系には，三つのレベルで多様性が存在し，相互に深く関係しているんだよ。

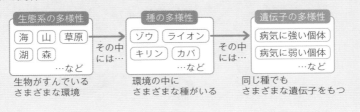

2 生物どうしのつながり

① 食物連鎖と食物網

生態系にいる生物は，互いに「食う・食われる」の関係を通してつながっています。この関係を**食物連鎖**といいます。一般に生産者から始まる食物連鎖では，生産者は一次消費者に食べられ，一次消費者は二次消費者に食べられます。

図19　食物連鎖の例

実際の自然界では，このような直線的な関係性ではなく，複雑な網状の関係になっています。このようなつながりを**食物網**といいます。

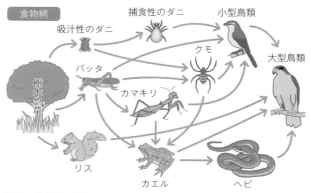

食物網

吸汁性のダニ　捕食性のダニ　小型鳥類

大型鳥類

バッタ

樹木や草

クモ

カマキリ

リス

カエル　　　ヘビ

図20　食物網の例

もし「バッタ→カエル→ヘビ」だけの種多様性が低い単純な食物連鎖だった場合，バッタが激減したら，エサがなくなるからカエルが激減し，カエルをエサにしていたヘビも激減してしまう。では，もし「バッタ・クモ・カマキリ→カエル→ヘビ」の種多様性が高い複雑な食物網だった場合に，バッタが激減したらどうなる？

カエルはクモやカマキリを食べればいいですよね。カエルの個体数はあまり変わらないんじゃないかなぁ。

そうだね。種多様性が低いと，いずれかが減少すると全体への影響が大きいけど，種多様性が高いと全体への影響は小さく，バランスが崩れにくいというメリットがあるよ。

② 生態ピラミッド

　生態系内の，生産者，一次消費者，二次消費者……といった食物連鎖の各段階のことを**栄養段階**といいます。ある生態系の生物の個体数を栄養段階ごとに積み上げたものを**個体数ピラミッド**といいます。同様に，一定面積中に存在する生物体の総量(生物量)を栄養段階ごとに積み上げたものを**生物量ピラミッド**といいます。このように，生物のいろいろな量を，栄養段階ごとに積み上げたものを**生態ピラミッド**といいます。

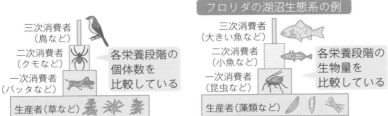

図21　個体数ピラミッド（左）と生物量ピラミッド（右）

3 種の多様性と生物間の関係性

　自然界の生物は「食う・食われる」の関係で複雑につながっているため，ある生物の存在が，その生物と直接つながっていない生物に対して影響を与えることがあります。これを**間接効果**といいます。北大西洋のラッコ，ウニ，ケルプを例に考えてみます。

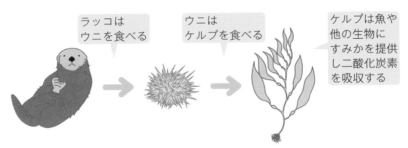

ケース１：ラッコの個体数が増加した場合

ラッコが増える	→	ウニが減る	→	ケルプが増える
	食べられて		食べられにくくなるから	

ケース２：ラッコが絶滅した場合（シャチによる過剰な捕食や人間による乱獲）

ラッコが絶滅する	→	ウニが爆発的に増加	→
	食べられにくくなるから		増えすぎたウニに食べられて

ケルプが食べ尽くされる	→	ケルプ周辺で生活していた魚類・甲殻類もいなくなる（生態系のバランスが崩れる）
	さらに	

このラッコの例のように，生態系内で食物連鎖の上位に位置し，**少数ながらも生態系全体に大きな影響を与える種のことをキーストーン種といいます。この種を除去すると生物の集まりのバランスが崩れてしまい**，場合によっては種多様性が低下して種の絶滅につながってしまうこともあるのです。

COLUMN 　**無選別のちりめんじゃこ　－身近な生物学❸－**

　僕は食卓にちりめんじゃこが出てくると，まずそれが「無選別」かどうかを必ずチェックする。それがもし無選別だったなら…

　「おっ！　まずはカタクチイワシの子どもか。小さなタコとイカは軟体動物だな。ふむふむ，これは節足動物のカニやエビのプランクトンか。こっちはウニのプランクトンだから棘皮（きょくひ）動物だ。……（数分経過）……できたー！　今回はきれいに分類できたぞ」

　呆（あき）れ顔の嫁さんを横目に，僕は整列したチリメンモンスターたち（※ちりめんじゃこに混じっている生き物たちを僕はそう呼ぶ）を感慨深くながめる。

　「ええから，はよ食べや」

　無選別のちりめんじゃこは，生物多様性を実感できる教材だ。

3　生態系のバランス

　生態系は環境の変化や生物どうしの相互作用により絶えず変動していますが，その幅は一定範囲に保たれています。この状態を，**生態系のバランス**といいます。また台風や火災，人間活動などによって**かく乱**されても，そのかく乱の程度が小さいと長い年月の間にもとの状態にもどる力があります。これを**生態系の復元力**といいます。生態系の復元力を超えるようなかく乱がおこると生態系のバランスが崩れて環境問題へとつながります。

倒木　　　　　　　　　新しい木が生える　　　　　　　もとにもどる

図22　生態系の復元力（イメージ）

① 自然浄化

生態系のバランスと復元力の例として，**自然浄化**が挙げられます。自然浄化とは，河川に汚水が流入しても，さまざまな生物の作用で水質がもとの状態にもどる作用です。

図23　自然浄化（イメージ）

自然浄化は，次のようなステップで進みます。

自然浄化の過程

①有機物が流入すると，有機物を栄養にする細菌が増加し，細菌の呼吸によって酸素が減少する。また，有機物の分解でアンモニウムイオンが増加する。

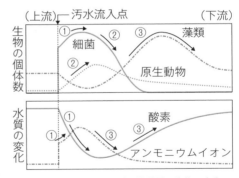

図24　自然浄化による河川の物質量と生物の変化

②下流では，細菌を捕食するゾウリムシなどの原生動物が増加するため，細菌が食べられて減少する。

③さらに下流では，アンモニウムイオンの増加によって，それを栄養とする藻類が増加するため，アンモニウムイオンは減少する。その後，増加した藻類の光合成によって酸素が増加するが，アンモニウムイオンが減少していくため藻類も減少していく。

その結果，下流の水質は汚水流入前の酸素濃度と同じにもどる。

191

② 富栄養化

　生態系のバランスと復元力を超えた場合の例としては，**富栄養化**が挙げられます。富栄養化とは，海や湖沼において窒素(N)やリン(P)などの栄養塩類が蓄積して濃度が高くなる現象です。その原因は，生活廃水や産業廃水などの河川への流入です。有機物や栄養塩類が自然浄化のはたらきを超えて過剰になると，水中の有機物量や栄養塩類が増えて，水質が悪化してしまいます。

自然浄化の
はたらきを超えると…

汚染物質
多

水質悪化
(富栄養化など)

図25　富栄養化(イメージ)

　富栄養化が進行した湖沼では，プランクトンが異常に増加し，水面が青緑色になる**アオコ**(水の華)が発生することがあります。アオコが発生すると，水中に光が届かなくなるため，水生植物の生育が妨げられます。

　また，河川から栄養塩類が流入した海では，水面が赤褐色になる**赤潮**が発生することがあります。赤潮が発生すると，プランクトンによって大量の酸素が消費されるため，水中の酸素が欠乏し，水生生物の大量死につながることがあります。

▲アオコ　　　　　　　　　　　▲赤潮

自然浄化のように，かく乱が小さい場合は生態系の復元力で生態系のバランスが保たれるんだね。ただ，富栄養化などかく乱が大きい場合はもとにもどらなくなり，環境問題につながる場合があるんだ。

COLUMN　水質汚濁の判別

　水質汚濁を判別するために，BODとCODという指標がある。BOD（biochemical oxygen demand：生化学的酸素要求量）は，水中の有機物が好気性細菌によって酸化分解されたときに消費される酸素量のことで，値が大きいほど水質汚濁の程度が高いと判別される。COD（chemical oxygen demand：化学的酸素要求量）は，水中の有機物が過マンガン酸カリウムなどの酸化剤によって酸化分解されたときに消費される酸素量のことで，値が大きいほど水質汚濁の程度が高いと判別される。CODは30分〜2時間程度の短期間で求められるのに対して，BODは長時間を要するため，CODはBODの代替指標として用いられることがあるんだよ。

　また，生息している生物によって水質を判別することもある。サワガニ，カワゲラ，ヒラタカゲロウなどが生息している場合はきれいな水，ミズムシ，ユスリカ，イトミミズが生息している場合は汚い水と判断されるんだ。このような生物を指標生物というよ。

▲サワガニ

▲イトミミズ

4 人間の活動と生態系の保全

　人間の活動は生物多様性や生態系に深刻な影響を与えており，生物多様性の低下や生態系の破壊は今もなお進行しています。地球という生態系の中で生きる私たちにとって生態系の保全に努めていくことは，私たちの将来の生活を守るうえで重要な意味をもちます。

❶ 地球温暖化

　地球温暖化は，二酸化炭素やメタンなどの**温室効果ガス**による**温室効果**が主な原因です。温室効果とは，大気中の温室効果ガスが地球表面から放射される熱エネルギーを吸収し，その一部が地表にもどって温度が上昇する効果のことです。

原因：二酸化炭素やメタン，水蒸気，フロンなどの温室効果ガスの増加による温室効果

影響：気候が変化して海面上昇がおこり，陸地が減る。その結果，水温上昇によってサンゴが死滅したりするなどの生物の生息環境の消失や生息域の変化がおこる

対策：気候変動枠組条約締約国会議が定期的に行われ，世界各国で温室効果ガス排出規制などが話し合われている

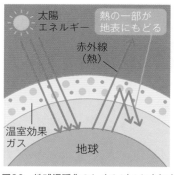

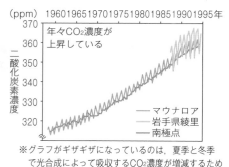

図26　地球温暖化のしくみ(左)と大気中の二酸化炭素濃度の変化(右)

②酸性雨

原因：排煙・排ガス中のNOx(窒素酸化物)・SOx(硫黄酸化物)
が雨水に溶けて生じる

影響：雨に溶けてpH5.6以下の酸性雨となり，森林破壊や土壌汚
染，酸性湖の出現がおこり，その地域の生態系全体が破
壊される

図27 酸性雨が発生するしくみ

③森林の破壊

原因：先進国の森林伐採，途上国
の薪炭材の採取，焼畑によ
る農地開発など

影響：生活していた多くの生物が
絶滅する。熱帯は高温なの
で分解者の活動が活発であ
り，土壌層が薄いため，熱
帯林を大規模に伐採すると
土壌が急速に流れ出してし
まい，もとの森林に回復す
るのに膨大な時間がかかる

▲森林伐採

④外来生物

外来生物(外来種)は，人間活動によって他の生態系から運ばれ，
定着した生物のことです。外来生物のうち，移入先の生態系に大き
な影響を与えるものを**侵略的外来生物**といいます。

SECTION

4

植生の多様性と生態系の保全

195

外来生物　在来生物

アメリカ　　ニホン
ザリガニ　　ザリガニ

外来生物の特徴：繁殖力が高い・環境への適応能力が高い・天敵となる捕食者が存在しない
外来生物が在来生物に与える影響：在来種が絶滅し，生物多様性が低下して生態系のバランスが崩れやすくなる

・捕食：その場所に生息する在来生物を捕食する
　　　　（例）オオクチバスが小型の魚類を捕食する
・競合：生活様式などが重なり，競争がおこり，在来生物が排除される
　　　　（例）セイヨウタンポポがニホンタンポポを排除する
・交雑：近縁の種で交配がおこり，雑種が生じる（遺伝子汚染）
　　　　（例）ニホンザルとタイワンザルの雑種が生まれている
・感染：特定の病気や寄生性の生物をもち込む

対策：外来生物法という法律により国内の生態系に大きな影響を与える外来生物は**特定外来生物**に指定され，飼育や栽培，輸入の規制・防除の対象と設定。2005年には，フイリマングースの全頭捕獲を決定。その結果，フイリマングースの個体数は年々減少してきており，アマミノクロウサギなどの在来種の個体数が増加してきた
日本における外来生物の例：
動物：アメリカザリガニ，オオクチバス，アライグマ，フイリマングース，ヒアリ，ウシガエル，グリーンアノール，ブルーギル，カダヤシなど
植物：セイヨウタンポポ，セイタカアワダチソウ，ボタンウキクサなど

外来生物は，もともとはペット，食料，輸入品への混入などで日本に入ってくることが多いんだ。でも，外来生物だけが問題ではないんだよ。在来生物のシカやイノシシが著しく増加して農作物へと被害を及ぼすこともあるんだ。在来生物でも個体数の著しい増加は生態系のバランスを崩す場合があることを知っておこう。

❺ 里山

　里山とは，人里とその周辺にある農地や草地・ため池・雑木林などがまとまった一帯のことです。里山では雑木林の適度な伐採や田畑の草刈りといった人間の活動がかく乱となり，多様な生物が生息できる環境が維持されてきました。しかし，近年

▲里山

農村人口の減少などで里山の手入れがされなくなり，雑木林の遷移が進んで特定の生物しか生息できなくなったり，水田が放置されてタガメやゲンゴロウがみられなくなったりしました。このような里山の変化から，**人間の活動による適度なかく乱は，生物の多様性を守るうえで重要だったということがわかり，環境の保全という観点から里山が再評価され始めています。**

人間がいなくなれば自然は豊かになると思われてきたけど，現在では人為的な手入れなどの適度なかく乱が生物の多様性の増加につながると考えられるようになったんだね。

◼COLUMN 日本一の里山

　僕の出身の兵庫県川西市は，自然が豊かで，小さいときは雑木林でカブトムシやクワガタをとったり，田んぼでゲンゴロウやメダカをとったりと，いろんな生き物で遊んでいた。まさに，生物多様性の高い里山代表のような場所だった。ちなみに，「日本一の里山」といわれている。まあ，日本一の里山は，日本各所にたくさんあるけどね(笑)。

⑥ 開発による生息地の変化と環境の保全

　道路やダムの開発などにより，生物の行き来が妨げられ，生物の生息地が分断されることがあります。生息地が分断されると，動物の行動が制限され，繁殖相手が見つかりにくくなったり，近親交配で有害な遺伝子が増加し，個体数が減少したりします。例えば，ダムの建設によってサケが産卵場所に遡上できなくなり，サケの個体数の減少につながったことがあります。

　対策として，**環境アセスメント**が重要視されています。環境アセスメントとは，開発を行うときにそれが環境に及ぼす影響を事前に調査・予測・評価し，環境への適正な配慮を行うことです。日本では，一定以上の開発を行うときは，その開発による生態系への影響の調査が法律によって義務化されています。

⑦ 絶滅の防止

　さまざまな人間活動によって，かつてないほどの勢いで生物の絶滅が増えています。**絶滅危惧種**とは，個体数が減少し続けており，絶滅のおそれがある生物のことです。絶滅のおそれのある生物の絶滅の危険性の高さを判定して分類したものを**レッドリスト**といい，その生物の分布や危険度を具体的に記したものを**レッドデータブック**といいます。

> ・**日本の絶滅種**：ニホンオオカミなど
> ・**日本で絶滅のおそれがある生物**：イリオモテヤマネコ，ゲンゴロウ，ニホンウナギ，ライチョウ，オオゴマシジミ，レブンソウ，アカウミガメなど

　絶滅の主な原因には，生息地の消失・人間による乱獲・外来生物の侵入などがあり，絶滅のおそれがある野生動植物の種の国際取引に関する条約（ワシントン条約）や，水鳥の生息地として国際的に重要な湿地に関する条約（ラムサール条約）など，国際的な枠組みでの対策がなされています。

ある生物が絶滅すると，生態系のバランスが崩れるだけでなく，進化の過程が失われて研究が進まなくなることも考えられるんだ。その生物がもっていた人間にとって有用な物質がなくなったり，その生物から手に入る新たな有用物質が手に入らなくなったりなど，さまざまなデメリットがあるんだね。そういう意味でも，生き物は絶滅しないように守る必要があるんだ。

⑧ 生態系サービス

　生態系から人間に対してもたらされる恩恵は**生態系サービス**と呼ばれ，以下のような四つに分類されます。これらの生態系サービスを持続的に受けるためには，生物多様性の保全が必要です。

供給サービス	調整サービス	文化的サービス
食料，木材，医薬品，燃料，水など	気候の調節，病気・害虫の制御，洪水の調節など	レジャー，レクリエーション，芸術，宗教，教育など

基盤サービス

植物による物質生産，二酸化炭素の吸収，土壌の形成，栄養塩類の循環など

CO_2　O_2

図28　さまざまな生態系サービス

　大気中の二酸化炭素は，　ア　や　イ　などとともに，温室効果ガスと呼ばれる。化石燃料の燃焼などの人間活動によって，図1のように大気中の二酸化炭素濃度は年々上昇を続けている。また，陸上植物の光合成による影響を受けるため，大気中の二酸化炭素濃度には，周期的な季節変動がみられる。図2のように，冷温帯に位置する岩手県の綾里の観測地点と，亜熱帯に位置する沖縄県の与那国島の観測地点とでは，二酸化炭素濃度の季節変動のパターンに違いがある。　　　　（センター試験）

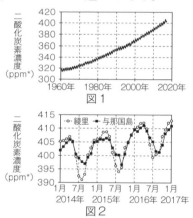

図1

図2

*ppm：1ppmは100万分の1。体積の割合を表す。

問1　上の文章中の　ア　・　イ　に入る語として適当なものを，次の①〜⑦のうちから二つ選べ。解答の順序は問わない。

　①　アンモニア　　②　エタノール　　③　酸　素　　④　水　素
　⑤　窒　素　　　　⑥　フロン　　　　⑦　メタン

問2　次の文章は，図1・図2をふまえて，大気中の二酸化炭素濃度の変化について考察したものである。　ウ　〜　オ　に入る語の組み合わせとして最も適当なものを，下の①〜⑧のうちから一つ選べ。

2000～2010年における大気中の二酸化炭素濃度の増加速度は，1960～1970年に比べて　ウ　。また，亜熱帯の与那国島では，冷温帯の綾里に比べて，大気中の二酸化炭素濃度の季節変動が　エ　。このような季節変動の違いが生じる一因として，季節変動が大きい地域では，一年のうちで植物が光合成を行う期間が　オ　ことが挙げられる。

	ウ	エ	オ
①	大きい	大きい	短 い
②	大きい	大きい	長 い
③	大きい	小さい	短 い
④	大きい	小さい	長 い
⑤	小さい	大きい	短 い
⑥	小さい	大きい	長 い
⑦	小さい	小さい	短 い
⑧	小さい	小さい	長 い

問1　地球温暖化の原因となる温室効果ガスは二酸化炭素，メタン，フロンなどが挙げられる。よって，　答え ⑥，⑦

問2

ウ　増加速度を比較しているので傾きに注目する（実際に数値を取って考えてもよい）。2000～2010年における大気中の二酸化炭素濃度の増加速度＝グラフの傾きは，1960～1970年に比べて大きくなっている。

エ　「亜熱帯の与那国島では，冷温帯の綾里に比べて」とあるので，○綾里と■与那国島のグラフを比較する。■与那国島は○綾里と比較して季節変動が小さいことがわかる。

オ　「季節変動が大きい地域では」とあるので，冷温帯の○綾里を考える。冷温帯では夏が短く，冬が長いので，光合成を行う期間が短いと考えられる。よって，　答え ③

　このような文章の穴埋め問題の対策として，穴埋めの前後をしっかり読んで文章に合うような選択肢の語句を選ぶ練習をしよう。

過去問にチャレンジ

海岸の岩場には，固着生物を中心とする特有の生物群集が見られる。次の図はその一例である。この中のフジツボ，イガイ，カメノテ，イソギンチャクおよび紅藻は固着生物であるが，イボニシ，ヒザラガイ，カサガイおよびヒトデは岩場を動き回って生活している。矢印は食物連鎖におけるエネルギーの流れを表し，ヒトデと各生物を結ぶ線上の数字は，ヒトデの食物全体の中で各生物が占める割合（個体数比）を百分率で示したものである。

（センター試験）

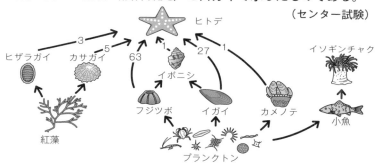

問1　この生態系において，ヒトデ，紅藻，カサガイがそれぞれ属する栄養段階はどれか。最も適当なものを，次の①〜④のうちから一つずつ選べ。

① 生産者　　　　　② 一次消費者

③ 二・三次消費者　④ 分解者

問2　この生態系の中に適当な広さの実験区を設定し，そこからヒトデを完全に除去したところ，その後約1年の間に生物群集の構成が大きく変化した。岩場ではまずイガイとフジツボが著しく数を増して優占種となった。カメノテとイボニシは常に散在していたが，イソギンチャクと紅藻は，増えたイガイやフジツボに生活空間を奪われて，ほとんど姿を消した。その後，食物を失ったヒザラガイやカサガイもいなくなり，生物群集の単純化が進んだ。一方，ヒトデを除去しなかった対照区では，このような変化は見られなかった。

この野外実験からの推論として，**適当でないもの**はどれか。次の①〜④のうちから選べ。

① 　ヒザラガイとカサガイが消滅したのは，食物をめぐって両種の間に競争が起こったためである。
② 　イガイとフジツボが増えたのは，主に両種に集中していたヒトデの捕食がなくなったためである。
③ 　上位捕食者の除去は，被食者でない生物の個体群にも間接的に大きな影響を及ぼしうる。
④ 　上位捕食者の存在は，生物群集構成の多様化をもたらしている。

問1
① 生産者は光合成を行う植物や藻類なので，紅藻が生産者にあたる。プランクトンのなかの植物プランクトンは生産者になる。
② 一次消費者は，生産者を捕食する植物食性動物なので，紅藻を食べるカサガイが一次消費者にあたる。
③ 二次消費者は植物食性動物（草食動物）を捕食する動物食性動物（肉食動物）でカサガイを食べるヒトデが二次消費者にあたる。
よって，　 答え　ヒトデ③，紅藻①，カサガイ②

問2
① 問題文に「紅藻は，増えたイガイやフジツボに生活空間を奪われて，ほとんど姿を消した。」とあり，ヒザラガイとカサガイはそのエサとなる紅藻がいなくなったため，ともに消滅したと考えられる。「その後，食物を失ったヒザラガイやカサガイもいなくなり」とあることからも読み取れる。**共通テストではこのように問題文に解答を解くヒントがあることがしばしばあるので，文章は丁寧に読もう。**
② ヒトデの捕食がなくなったので個体数が増加したと考えられる。
③ ヒトデがいなくなると，紅藻なども姿を消したので，直接の被食者でない紅藻の個体数などにも影響を及ぼす間接効果が表れる。
④ 上位捕食者がいなくなると「生物群集※の単純化が進んだ」ので，上位捕食者の存在が種の多様性の維持につながっている。
よって，　 答え　①

　生態系において捕食するものを捕食者，捕食されるものを被食者という。また，上位捕食者であるヒトデを除去すると生物群集の単純化が進んだので，ヒトデはこの生態系でキーストーン種であると考えられる。
※生物群集：ある地域に生息する生物種のひとまとめ

さくいん

化学用語

あ

アオコ	192
赤潮	192
亜高木層	160
アデニン	62
アデノシン三リン酸	47
アデノシン二リン酸	47
アナフィラキシーショック	151
亜熱帯多雨林	175
アミノ酸	82
アミノ酸配列	82
アレルギー	151
アレルゲン	151
アンチコドン	86

い

異化	46
Ⅰ型糖尿病	131
一次応答	144
一次遷移	163
遺伝	62
遺伝暗号表	87
遺伝子	62, 92
遺伝情報	62
陰樹	162
陰生植物	162

う

ウラシル	84
雨緑樹林	176

え

エイズ	150
栄養段階	188
液胞	29
塩基	62

炎症	139

お

お花畑	181
温室効果	194
温室効果ガス	194

か

外来生物	195
核	29
獲得免疫	136
かく乱	190
夏緑樹林	159, 177
間期	74
環境アセスメント	198
環境形成作用	185
間接効果	189
肝臓	104
肝動脈	104
間脳	117
肝門脈	104

き

記憶細胞	144
基質	48
基質特異性	48
キーストーン種	190
ギャップ	166
ギャップ更新	166
極相	163
キラーT細胞	141

く

グアニン	62
クライマックス	163

け

形質	62
形質細胞	141
形質転換	65
系統樹	20
血液	100
血液凝固	101
血しょう	101
血小板	101
血清	102
血清療法	152
血糖	128
血ぺい	102
ゲノム	93
原核細胞	28, 30
原核生物	28
顕微鏡	36

こ

交感神経	115
抗原	140
荒原	158
抗原提示	140
光合成	55
光合成速度	161
高山草原	181
恒常性	101
酵素	48
抗体	141
抗体医薬	153
抗体産生細胞	141
好中球	138
後天性免疫不全症候群	150
高木層	160
後葉	122
硬葉樹林	177
呼吸	54
呼吸速度	161
個体数ピラミッド	188

コドン・・・・・・・・・・・・・・・・・・86

さ

細胞質・・・・・・・・・・・・・・・・・・29
細胞質基質・・・・・・・・・・・・・・29
細胞周期・・・・・・・・・・・・・・・・74
細胞小器官・・・・・・・・・・・・・・29
細胞性免疫・・・・・・・・141, 143
細胞壁・・・・・・・・・・・・・・・・・・29
細胞膜・・・・・・・・・・・・・・・・・・29
里山・・・・・・・・・・・・・・・・・・・197
砂漠・・・・・・・・・・・・・159, 179
サバンナ・・・・・・・・・159, 178
作用・・・・・・・・・・・・・・・・・・・185

し

自己免疫疾患・・・・・・・・・・・151
視床下部・・・・・・・115, 117, 122
自然浄化・・・・・・・・・・・・・・・191
自然免疫・・・・・・・・・・・・・・・136
シトシン・・・・・・・・・・・・・・・・62
シャルガフの規則・・・・・・・・・63
種・・・・・・・・・・・・・・・・・・・・・20
樹状細胞・・・・・・・・・・・・・・・138
受容体・・・・・・・・・・・・・・・・・121
循環系・・・・・・・・・・・・・・・・・106
消費者・・・・・・・・・・・・・・・・・185
静脈・・・・・・・・・・・・・・・・・・・106
照葉樹林・・・・・・・・・159, 176
食作用・・・・・・・・・・・・・・・・・138
植生・・・・・・・・・・・・・・・・・・・158
触媒・・・・・・・・・・・・・・・・・・・48
食物網・・・・・・・・・・・・・・・・・187
食物連鎖・・・・・・・・・・・・・・・187
自律神経系・・・・・・・・・・・・・114
真核細胞・・・・・・・・・・・・・・・28
真核生物・・・・・・・・・・・・・・・28
神経系・・・・・・・・・・・・・・・・・113
神経細胞・・・・・・・・・・・・・・・113
神経分泌細胞・・・・・・・・・・・122
腎臓・・・・・・・・・・・・・・・・・・・105
腎単位・・・・・・・・・・・・・・・・・105

針葉樹林・・・・・・・・・159, 178
侵略的外来生物・・・・・・・・・195
森林・・・・・・・・・・・・・・・・・・・158
森林限界・・・・・・・・・・・・・・・181

す

水界生態系・・・・・・・・・・・・・185
垂直分布・・・・・・・・・・・・・・・180
水平分布・・・・・・・・・・・・・・・180
ステップ・・・・・・・・・159, 179

せ

生産者・・・・・・・・・・・・・・・・・185
生態系・・・・・・・・・・・・・・・・・184
生態系サービス・・・・・・・・・199
生態系のバランス・・・・・・・190
生態系の復元力・・・・・・・・・190
生態ピラミッド・・・・・・・・・188
生物群系・・・・・・・・・・・・・・・172
生物的環境・・・・・・・・・・・・・184
生物の共通性・・・・・・・・・・・21
生物量ピラミッド・・・・・・・188
脊髄・・・・・・・・・・・・・・・・・・・114
接眼ミクロメーター・・・・・・39
接眼レンズ・・・・・・・・・・・・・37
赤血球・・・・・・・・・・・・・・・・・101
絶滅危惧種・・・・・・・・・・・・・198
遷移・・・・・・・・・・・・・・・・・・・163
先駆植物・・・・・・・・・・・・・・・164
染色体・・・・・・・・・・・・・・・・・92
セントラルドグマ・・・・・・・・84
線溶・・・・・・・・・・・・・・・・・・・102
前葉・・・・・・・・・・・・・・・・・・・122

そ

相観・・・・・・・・・・・・・・・・・・・158
草原・・・・・・・・・・・・・・・・・・・158
相同染色体・・・・・・・・・・・・・93
草本層・・・・・・・・・・・・・・・・・160
組織液・・・・・・・・・・・・・・・・・100

た

体液・・・・・・・・・・・・・・・・・・・100
体液性免疫・・・・・・・・141, 142
体細胞分裂・・・・・・・・・72, 74
代謝・・・・・・・・・・・・・・・・・・・46
体内環境・・・・・・・・・・・・・・・100
対物ミクロメーター・・・・・・39
対物レンズ・・・・・・・・・・・・・37
タンパク質・・・・・・・・・・・・・82

ち

地球温暖化・・・・・・・・・・・・・194
地表層・・・・・・・・・・・・・・・・・160
チミン・・・・・・・・・・・・・・・・・62
中枢神経系・・・・・・・・・・・・・114
チロキシン・・・・・・・・・・・・・125

つ

ツンドラ・・・・・・・・・159, 179

て

低木層・・・・・・・・・・・・・・・・・160
デオキシリボース・・・・・・・・62
デオキシリボ核酸・・・・・・・・62
適応免疫・・・・・・・・・・・・・・・136
転写・・・・・・・・・・・・・・・84, 85

と

同化・・・・・・・・・・・・・・・・・・・46
糖尿病・・・・・・・・・・・・・・・・・131
洞房結節・・・・・・・・・・・・・・・116
動脈・・・・・・・・・・・・・・・・・・・106
特定外来生物・・・・・・・・・・・196
土壌・・・・・・・・・・・・・・・・・・・160

な

内分泌・・・・・・・・・・・・・・・・・120
内分泌系・・・・・・・・・・・・・・・120
内分泌腺・・・・・・・・・・・・・・・120
ナチュラルキラー細胞・・・・138

に

II型糖尿病・・・・・・・・・・・・・132

二次応答 …………………… 144
二次遷移 …………………… 163, 166
二重らせん構造 …………… 63

ぬ

ヌクレオチド ……………… 62

ね

熱帯多雨林 ………… 159, 175
ネフロン …………………… 105

の

脳 …………………………… 114
脳下垂体 …………………… 122
脳幹 ………………………… 117

は

パイオニア植物 …………… 164
バイオーム ………………… 172
白血球 ……………………… 101
半保存的複製 ……………… 73

ひ

光飽和点 …………………… 162
光補償点 …………………… 162
非生物的環境 ……………… 184
ヒト免疫不全ウイルス …… 150
標的細胞 …………………… 121
日和見感染 ………………… 150

ふ

フィードバック …………… 124
富栄養化 …………………… 192
副交感神経 ………………… 115
複製 ………………………… 72
物理的・化学的防御 ……… 136
分化 ………………………… 94
分解者 ……………………… 185
分裂期 ……………………… 74

へ

ペースメーカー …………… 116

ヘルパー T 細胞 …………… 141

ほ

ホメオスタシス …………… 101
ホルモン …………………… 120
翻訳 …………………… 84, 86

ま

マクロファージ …………… 138
末梢神経系 ………………… 114

み

見かけの光合成速度 ……… 161
ミクロメーター …………… 39
ミトコンドリア …………… 29

め

免疫 ………………………… 136
免疫寛容 …………………… 140
免疫記憶 …………………… 144
免疫療法 …………………… 153

ゆ

優占種 ……………………… 158

よ

陽樹 ………………………… 162
陽生植物 …………………… 162
葉緑体 ……………………… 29
予防接種 …………………… 151

り

陸上生態系 ………………… 185
リボ核酸 …………………… 84
リボース …………………… 84
林冠 ………………………… 160
林床 ………………………… 160
リンパ液 …………………… 100

れ

レッドデータブック ……… 198
レッドリスト ……………… 198

わ

ワクチン …………………… 151

記号

ADP ………………………… 46
ATP …………………… 46, 54
B 細胞 ……………… 138, 141
DNA ………… 29, 62, 72, 92
HIV ………………………… 150
mRNA ……………………… 84
RNA ………………………… 83
tRNA ……………………… 84
T 細胞 ……………… 138, 141

[著者]

山口 学　Yamaguchi Manabu

東進ハイスクール・東進衛星予備校、代々木ゼミナール、高等進学塾、医系予備校Medi-UPの生物科講師。共通テスト対策から難関大・医学部対策まで幅広いレベルの講義を担当。その講義は、整理整頓された板書に加えて、軽妙な語り口と独自のユーモアによって生徒たちを魅了し「生物が好きになった！」と絶賛の声が数多く届く。講義の傍ら、テキスト・模試作成や難関大の解答速報も手がける。また、教員向けの入試分析や試験対策のセミナーに登壇するなどマルチな活動を行う。酒造会社（REC CIDER BEER WORKs）のアドバイザーとしての一面ももち、多岐にわたって活躍している。

きめる！　共通テスト　生物基礎　改訂版

カバーデザイン	野条友史（buku）
カバーイラスト	trampoline
本文デザイン	宮嶋章文
本文イラスト	ハザマチヒロ
編集協力	秋下幸恵、石割とも子
校　　正	白石智樹
	株式会社ダブルウイング
写　　真	ピクスタ株式会社
図版作成	株式会社ユニックス
印刷所	株式会社リーブルテック
データ制作	株式会社ユニックス

BB

Gakken

きめる! KIMERU SERIES

［別冊］

生物基礎 改訂版
Basic Biology

直前まで役立つ!
完全対策BOOK

この別冊は取り外せます。矢印の方向にゆっくり引っぱってください。➡

きめる! *KIMERU SERIES*

もくじ

共通テスト生物基礎の
全体像をつかむ……………………………………………… 002

SECTION1で学ぶこと ……………………………… 006

SECTION2で学ぶこと ……………………………… 008

SECTION3で学ぶこと ……………………………… 010

SECTION4で学ぶこと ……………………………… 012

読むだけで点数アップ!
生物基礎要点集…………………………………………… 015

共通テストの生物基礎について教えてください。

　共通テストの生物基礎の問題は，主に**知識と考察（計算も含む）の２本柱で出題されます**。共通テストの作成方針である「思考力・判断力を問う」に基づき，設問文が長かったり，知識をもとに図や資料，文章に対する読解力を問うたり，実験結果を解析する思考力や知識の応用力を試したりする問題が多いです。

　生物基礎は，理科①のグループに属します。理科①は物理基礎，化学基礎，生物基礎，地学基礎の４科目あります。**解答時間は２科目で60分，配点は2科目合計で100点です。1科目あたりの時間は決まっていないので，60分間の配分は自由にできますが1科目あたり30分を目安としましょう。**問題数が多く，文章も長いので問題を効率よく解かなければなりません。

　平均点は年度によって大きく変わりますが，だいたい50〜60%で推移しています。直近の平均点は以下のようになります。

年度	2024年	2023年	2022年	2021年
平均点	31.57点	24.66点	23.90点	29.17点

> どのような分野から出題されますか。

　特定の分野に偏ることなく，すべての大問がA・Bにわかれることで教科書の全範囲から出題されています。

　2024年の試験では，大問ごとに教科書の「生物の特徴」，「遺伝子とそのはたらき」，「ヒトの体内環境の維持」，「生物の多様性と生態系」から幅広く出題されました。図や資料に基づいて考察する問題が多く出題されています。今後も第1問は「生物の特徴」・「遺伝子とそのはたらき」，第2問は「ヒトの体内環境の維持」，第3問は「生物の多様性と生態系」から出題されるでしょう。

共通テスト生物基礎の全体像をつかむ

	配点	マーク数	大問	出題分野	
2024年	17点	5	第1問 『生物の特徴』 『遺伝子とそのはたらき』	A	細胞・ゲノム
				B	細胞周期
	18点	6	第2問 『ヒトの体内環境の維持』	A	血液凝固・免疫
				B	腎臓
	15点	5	第3問 『生物の多様性と生態系』	A	バイオーム
				B	外来生物

第1問は，「生物の特徴」と「遺伝子とそのはたらき」の内容から出題されます。「生物の特徴」は知識問題が中心に出題されますが，過去には，宿題プリントや授業プリントを用いた新しい形式の問題が出題されるなど難易度の高い問題が出題されることもありました。

　「遺伝子とそのはたらき」の内容は知識問題だけでなく，グラフ問題や計算問題もよく出題されています。過去には，実験の考察問題で，実験の組み立てに関しての科学的な思考力が求められる問題も出題されました。この形式の問題は今後も出題されるでしょう。

　第２問は，「ヒトの体内環境の維持」の内容から出題されます。この分野は，知識の応用が求められます。ホルモンのはたらきであれば，一つひとつの名称とはたらきを丸暗記するのではなく，ホルモンがどのようなメカニズムで体内環境を維持しているかまで理解しなければなりません。実験考察問題やグラフの問題がよく出るので，教科書や参考書に掲載されている代表的な実験やグラフはしっかり理解しておきましょう。また，ヒトの体内の臓器の位置も確認しておきましょう。

　第３問は，「生物の多様性と生態系」の内容から出題されます。この分野は，身近な生物学と関連した問題がよく出題されます。「日常生活や社会との関連を考慮し，科学的な事物・現象に関する基本的な概念や原理・法則などを理解する」という共通テストの方針に沿った問題がよく出題されます。動物・植物の例や環境問題など，身近な事例と関連付けをして知識を整理しましょう。

どうしたら知識の活用ができるようになりますか。

　教科書や参考書の各テーマの内容を，知識間のつながりを意識して体系的に覚えていくとよいでしょう。 高得点を狙うなら，教科書や参考書を1回だけ読むのではなく，何度も読み返して太字となっている重要用語をすべて説明できるようになりましょう。これができれば，共通テストで問題を解くための知識が十分に定着します。知識の定着なくして，応用力や考察力は身につきません。まずは教科書や参考書の知識をしっかり定着させるところからはじめましょう。

高得点はどうしたら狙えますか。

　「問題演習を通じて知識をどのように使うか」がいちばん大事です。知識をいかにうまく使って問題を解くかを意識しましょう。 まずは，テーマごとに掲載されている問題を解き，解説を読んで知識の使い方や文章の読解力，データの解析力を身につけてください。さらに，この参考書で得た知識を使って，過去問を何年分も解いて知識の使い方や考察力を身につけていきましょう。新課程の共通テストでも過去の共通テストやセンター試験と同様の問題が出題されているので，過去問を用いた問題演習が効果的です。過去問を解くときは，時間を計って行い，時間配分を意識してください。その後，間違った問題に対して知識ミスか考察ミスかなど，間違った原因を分析するとよりよいでしょう。

きめる
KIMERU
SERIES

共通テスト生物基礎の全体像をつかむ

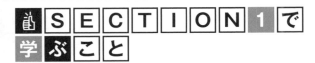

SECTION1で学ぶこと

SECTION1は「違い」に着目して知識を整理しましょう。具体的には，「動物細胞と植物細胞の違い」，「真核細胞と原核細胞の違い」，「同化と異化の違い」などです。特徴を丸暗記するのではなく，「違い」に着目することで体系的に理解できるでしょう。

ここが問われる！ **真核細胞には動物細胞と植物細胞がある。共通する構造と植物細胞のみに見られる構造を整理しよう！**

核，細胞質基質（サイトゾル），細胞膜，ミトコンドリアは動物細胞と植物細胞で共通する構造です。葉緑体と液胞，細胞壁は植物細胞にのみ見られる構造です。

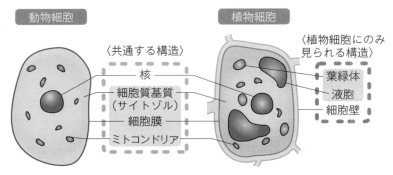

※　は細胞質

ここが問われる！ **細胞は真核細胞と原核細胞にわけられる。それぞれの構造の違いを整理しよう！**

原核細胞は細胞膜とDNAをもっていますが，明瞭な核やミトコンドリア，葉緑体をもちません。一方で，細胞壁をもっています。このことは，共通テストではよく出題されるのでおさえておきましょう。

		DNA	細胞膜	細胞壁	明瞭な核 (核膜)	ミトコンドリア	葉緑体
原核細胞		○	○	○	×	×	×
真核細胞	動物	○	○	×	○	○	×
	植物	○	○	○	○	○	○

○＝一般に存在する　×＝一般に存在しない

代謝は同化と異化に大別される。
それぞれの反応，エネルギーの出入り，
反応例を整理しよう！

　代謝はエネルギーを吸収して単純な物質から複雑な物質を合成する同化と，複雑な物質を単純な物質に分解しエネルギーを放出する異化にわけられます。

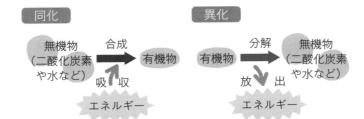

	同化	異化
反応	合成 単純な物質→複雑な物質	分解 複雑な物質→単純な物質
エネルギー	吸収	放出
反応例	光合成	呼吸

SECTION1は知識を問う問題がよく出る単元だよ。丸暗記するのではなく，比較して「違い」に着目することで知識を整理すると発展的な問題にも対応できるようになるよ。

SECTION2で学ぶこと

SECTION2はメカニズムの理解が重要です。体細胞分裂で細胞が増えるときに細胞内のDNA量がどのように変化するかを示した「DNA量の変化のグラフ」や遺伝子の情報からタンパク質が発現する「転写・翻訳の流れ」などが頻出なのでおさえておきましょう。

ここが問われる！ **DNAが合成されるのは，間期のS期！**

細胞分裂にともなって，細胞1個あたりのDNA量は変化します。間期のS期でDNA量は2倍になり，分裂が終わると細胞あたりのDNA量は半分になります。

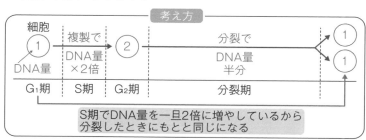

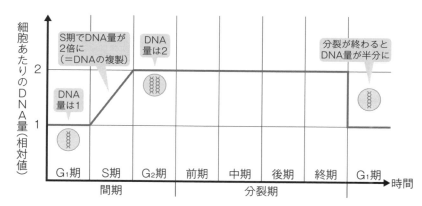

きめる
KIMERU
SERIES

ここが問われる！

タンパク質合成は転写と翻訳の段階にわけられる！

タンパク質合成は，転写と翻訳という手順を踏んで行われます。転写とは，DNAから遺伝情報が写し取られ，RNAという物質がつくられる過程です。翻訳とは，そのRNAの遺伝情報がアミノ酸配列に訳される過程です。

転写　　　　翻訳

DNA ⟶ RNA ⟶ タンパク質

DNAからmRNAが転写されたのち，mRNAは核外へでて翻訳が開始されます。tRNAが運んできたアミノ酸が次々と結合し，アミノ酸がつながったタンパク質ができます。

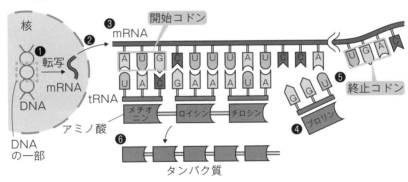

SECTION 2では知識問題だけでなく，グラフを解析する問題も頻出だよ。グラフ問題は，縦軸と横軸が何を表しているか，グラフに変化が生じている箇所ではどのような現象がおきているかに注目しよう。

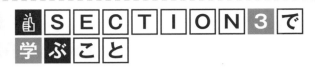

SECTION 3は知識の応用が重要です。体内環境の維持にはたらくホルモンは多くの種類がありますが，種類やはたらきだけを暗記するのではなく，体内環境が維持されるしくみを理解しておきましょう。また，免疫の分野でも全体像を把握し，一つひとつの反応で何がおこるかまでおさえておきましょう。

ここが問われる！　血液中のホルモン量はフィードバックのしくみによって調節されている！

ホルモンは，体内環境の維持に重要なはたらきを示します。血液中のホルモンの量はフィードバックというしくみで調節されています。フィードバックとは，最終産物が前の段階にもどって作用を及ぼすことであり，このしくみによって血糖濃度の調節などがなされています。

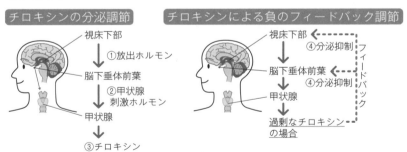

このように血液中のチロキシンが多いと減らす，少ないと増やすなど，血液中のチロキシンの量により，上位の器官に影響を与える（フィードバック）

ここが問われる！ 免疫反応は３段階の防衛にわけられる！

　私たちの体には，外界から侵入してくる細菌やウイルスなどの病原体を異物として排除する免疫というしくみが備わっています。免疫は，体内への異物の侵入そのものを防ぐ物理的・化学的防御，体内に侵入した異物を白血球が直接排除する自然免疫，排除しきれなかった異物に対してリンパ球が特異的に排除する適応免疫の３段階にわけられます。

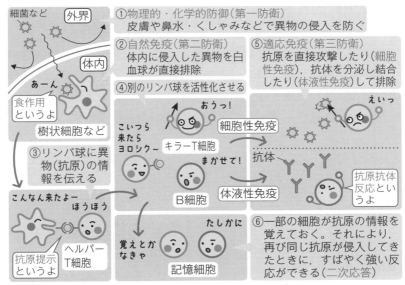

※物理的・化学的防御を自然免疫に含めるという考え方もある。

> 共通テストでは，「身近な生物学」がキーワードだよ。私たちの体の反応や免疫・病気にまつわる内容などもチェックするようにしよう。

SECTION4で学ぶこと

SECTION 4は知識の整理と応用が重要です。頻出の「バイオーム」の分野では，各バイオームの分布や特徴，代表的な植物などを覚えておきましょう。また，「環境保全」も出題頻度が増えてきています。身近な例と関連づけをして考え方などを整理しましょう。

ここが
問われる
！

陸上のバイオームは年平均気温と年降水量で決定される！

バイオームとは，ある地域の植生とそこに生息する動物や微生物を含めた生物のまとまりのことです。陸上のバイオームは，主にその地域の年平均気温と年降水量によって決定されます。年平均気温と年降水量に着目して，各バイオームの特徴を整理しましょう。

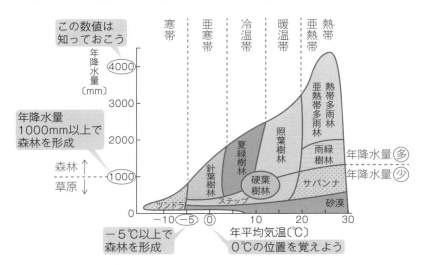

人間の活動が環境にどのような影響を与えているかを整理しよう！ 外来生物や絶滅危惧種などの生物例も確認しよう！

　ニュースで報道されているような地球温暖化や水質汚染などの人間の活動が環境に与える影響は身近な生物学として頻出の分野です。また，外来生物や絶滅危惧種など生物例やその影響が多く出るのもこの単元の特徴です。共通テストで出題されることがあるので確認しておきましょう。

□ **地球温暖化**

　地球温暖化は，二酸化炭素やメタンなどの温室効果ガスによる温室効果が主な原因です。生物の生息環境の消失や生息域の変化，水温上昇によるサンゴの死滅などの被害があります。

□ **水質汚染**

　河川や湖沼に汚水が流入しても，さまざまな生物の作用で水質はもとにもどり，生態系のバランス・復元力が保たれます。しかし，生活排水などが大量に流入するなど生態系のバランス・復元力を超える場合は水質が汚染されます。

□ **外来生物**

　外来生物は，人間活動によって他の生態系から運ばれ，定着した生物のことです。日本における外来生物には，アメリカザリガニやセイヨウタンポポなどがあります。

□ **絶滅危惧種**

　絶滅危惧種とは，個体数が減少し続けており，絶滅のおそれがある生物のことです。日本の絶滅種にはニホンオオカミなどがあります。

> SECTION 4 も「身近な生物学」がキーワードだよ。環境問題や生物例が出題されることがあるので，日頃からアンテナを張って知識を吸収しよう。

きめる！
KIMERU SERIES

読むだけで得点アップ！

生物基礎要点集

SECTION 1
生物の特徴

1. 生物の共通する特徴には，自分と外界を膜で隔てた ア からできていること，遺伝情報である イ をもつこと， ウ というエネルギーを利用していること，体内環境を一定に保つことなどがある。

2. 細胞は，核がある ア 細胞と核がない イ 細胞にわけられる。

3. 核とは， ア が核膜に包まれた構造で，RNA を含む球状体の核小体が内部にある。

4. 原核細胞は真核細胞と同様に細胞膜と DNA をもつ。しかし，原核細胞は ア をもたず，DNA は イ に包まれていない。

5. 植物細胞のみに見られる細胞小器官の例として， ア ，液胞，細胞壁などがある。

1.ア 細胞
イ DNA
ウ ATP（アデノシン三リン酸）

2.ア 真核
イ 原核

3.ア DNA

4.ア 核
イ 核膜

5.ア 葉緑体

6. 細胞小器官には，有機物を分解してATPを産生する ア や，主に植物細胞で見られ，光合成の場となる イ などがある。

7. 葉緑体は ア という色素を含む。また，液胞は イ という色素を含む。

8. 次の生物のうち，原核生物は ア である。
生物【酵母，ネンジュモ，カビ，キノコ】

9. ア，イに入る適切な語句を語群から選び答えよ。
光学顕微鏡の準備の手順は，先に ア をつけて，次に イ を取り付ける。
語群【接眼レンズ・対物レンズ】

10. ア，イに入る適切な語句を語群から選び答えよ。
接眼ミクロメーター1目盛りの長さ＝

$$\frac{\boxed{ア}\text{の目盛りの数} \times 10\,\mu m}{\boxed{イ}\text{の目盛りの数}}$$

語群【接眼ミクロメーター・対物ミクロメーター】

6. ア ミトコンドリア
イ 葉緑体

7. ア クロロフィル
イ アントシアン

8. ア ネンジュモ

9. ア 接眼レンズ
イ 対物レンズ

10. ア 対物ミクロメーター
イ 接眼ミクロメーター

11. 次の生物・細胞・ウイルスのうち，光学顕微鏡で観察できないのは，　ア　である。

【インフルエンザウイルス，赤血球，ミトコンドリア】

12. 生物は，生体内の化学反応によって，エネルギーを得たり使ったりしている。この生体内での化学反応全体をまとめて　ア　といい，エネルギーを吸収して有機物を合成する　イ　と有機物を分解してエネルギーを放出する　ウ　の二つに大別される。

13. 生体内のエネルギーのやりとりは　ア　という物質を介して行われる。　ア　は塩基のアデニンと糖のリボースに，　イ　が3個結合した物質である。

14. 化学反応をスムーズにするものを触媒という。触媒には酸化マンガン（IV）のような無機触媒と，　ア　と呼ばれる生体内ではたらく触媒がある。

15. 酵素がはたらく相手の物質を　ア　といい，酵素が特定の　ア　の化学反応だけを促す性質を　イ　という。

---

11. ア インフルエンザウイルス

12. ア 代謝
イ 同化
ウ 異化

13. ア ATP
イ リン酸

14. ア 酵素

15. ア 基質
イ 基質特異性

16. 酵素は ア からできているため，温度や イ の
影響を受ける。一般に細胞内ではたらく酵素は中性で
はたらくが，胃液に含まれる ウ という酵素は酸性
でよくはたらく。

16. ア タンパク質
イ pH
ウ ペプシン

17. 唾液に含まれる ア という酵素はデンプンを分解
する。すい液に含まれる イ という酵素はタンパク
質を分解し， ウ という酵素は脂肪を分解する。

17. ア アミラーゼ
イ トリプシン
ウ リパーゼ

18. 酸素を用いてグルコースを分解し，ATP を取り出
す反応を ア という。

18. ア 呼吸

19. 植物の葉緑体で行われる二酸化炭素と水から有機物
と酸素をつくる反応を ア という。

19. ア 光合成

20. 光合成では，太陽の ア エネルギーを ATP の
イ エネルギーに変換する。 イ エネルギーは，
植物だけでなく，動物も利用する。

20. ア 光
イ 化学

読むだけで得点アップ！　生物基礎要点集

遺伝子とそのはたらき

1. 生物がもつ形や性質などの特徴を形質といい，親の形質が子に伝わることを ア という。子の体は親から受け継がれる遺伝情報をもとにつくられ，この遺伝情報を担うものが遺伝子である。1900年代に多くの研究者の実験によって，遺伝子の本体は イ という物質であることが明らかにされた。

1. **ア** 遺伝
   イ DNA

2. DNA は，ア という分子がつながってできている。DNAの ア は，イ という糖にリン酸と塩基が結合してできている。

2. **ア** ヌクレオチド
   イ デオキシリボース

3. DNAを構成するヌクレオチドの塩基には，ア，イ，ウ，エ の4種類がある。

3. **(順不同)**
   ア アデニン(A)
   イ チミン(T)
   ウ グアニン(G)
   エ シトシン(C)

4. DNAの塩基組成はAとT，GとCの割合が等しい。これを ア の規則という。

4. **ア** シャルガフ

5. ワトソンとクリックがさまざまな研究結果をもとに，DNAが2本の鎖からなる ア をしていることを明らかにした。

5. **ア** 二重らせん構造

6. グリフィスは肺炎双球菌を用いた研究を行い，外部から加えた物質によって形質が変わる現象を観察した。このような現象を　**ア**　という。

7. もとのDNAと同じ塩基配列をもつDNAが合成されることを　**ア**　という。

8. DNAの複製は前の情報を半分保存しながら新たに複製される。このようなDNAの複製様式を　**ア**　と呼ぶ。

9. ヒトなどの多細胞生物の体をつくっている細胞は　**ア**　分裂で増える。細胞分裂が終わって，次の分裂を終えるまでの過程を　**イ**　という。

10. 細胞周期は実際に分裂を行う　**ア**　（M期）と，分裂のための準備をする　**イ**　があり，この時期にDNAが複製される。さらに，　**イ**　はDNA合成の準備を行うG_1期，実際にDNAの複製を行うS期，そして分裂の準備を行うG_2期にわけられる。

6.ア 形質転換

7.ア 複製

8.ア 半保存的複製

9.ア 体細胞
イ 細胞周期

10.ア 分裂期
イ 間期

読むだけで得点アップ！　生物基礎要点集

11. タマネギの根端を使った体細胞分裂の観察は，
$\boxed{\text{ア}}$→解離→染色→$\boxed{\text{イ}}$の順で行う。

11. ア 固定
　　イ 押しつぶし

12. タンパク質は多数の$\boxed{\text{ア}}$が鎖上につながってでき
ている。$\boxed{\text{ア}}$は約20種類存在する。

12. ア アミノ酸

13. タンパク質の合成は，$\boxed{\text{ア}}$と$\boxed{\text{イ}}$という手順を
踏んで行われる。$\boxed{\text{ア}}$とは，DNAから遺伝情報が
写し取られ，RNAという物質がつくられる過程であ
る。$\boxed{\text{イ}}$とは，そのRNA の遺伝情報がアミノ酸配
列に訳される過程である。

13. ア 転写
　　イ 翻訳

14. RNA（リボ核酸）は，DNAと同様に多数のヌクレ
オチドがつながってできている。DNA との違いは，
RNA のヌクレオチドを構成する糖は，$\boxed{\text{ア}}$という
糖であること，塩基にはチミン（T）がなく，$\boxed{\text{イ}}$
であること，1本のヌクレオチド鎖でできていること
である。

14. ア リボース
　　イ ウラシル(U)

15. RNA には，転写ではたらく$\boxed{\text{ア}}$や，翻訳ではた
らく$\boxed{\text{イ}}$など，いくつかの種類がある。

15. ア mRNA
　　イ tRNA

16. mRNA の塩基配列のうち，3つの塩基の並びが1つのアミノ酸を指定する。このmRNAの3つの塩基の並びを ア という。翻訳では， ア と相補的な3つの塩基の並びである イ をもつtRNAが，アミノ酸を運んでくる。

17. 私たちヒトは，1個の体細胞に同じ大きさと形の染色体を2本ずつもつ。この対になる染色体を ア という。これは，ヒトの場合46本あり，23本は父親由来，23本は母親由来の染色体であり，この体づくりに関係する父親由来，もしくは母親由来の全遺伝情報の1セットが イ である。

18. 細胞ではすべての遺伝子が常にはたらいているのではなく，組織や器官によってはたらく遺伝子が異なっている。細胞が特定な形（形態）やはたらき（機能）をもつように変化することを ア という。

16. ア コドン
イ アンチコドン

17. ア 相同染色体
イ ゲノム

18. ア 分化

読むだけで得点アップ！　生物基礎要点集

SECTION3
体内環境

1. 私たちの体を構成する細胞は，[ア]と呼ばれる液体に浸されている。[ア]は細胞にとっての環境であるといえ，この環境を，体外環境に対して[イ]という。

1.ア 体液
　イ 体内環境

2. ヒトの場合，体液は血液・[ア]・[イ]の液体成分からなる。[ア]は，血液の液体成分である血しょうが毛細血管からしみ出たものであり，[ア]の一部がリンパ管内に入ると[イ]となる。

2.ア 組織液
　イ リンパ液

3. ヒトをはじめとする動物は，体内の状態をほぼ一定に保ち生命を維持している。このような性質を[ア]（ホメオスタシス）という。

3.ア 恒常性

4. 血液は，有形成分である血球（[ア]，白血球，血小板）と液体成分である[イ]からなる。血球は，[ウ]の造血幹細胞でつくられ，ひ臓や肝臓で破壊される。

4.ア 赤血球
　イ 血しょう
　ウ 骨髄

5. 血管が傷つき出血した場合，小さい傷であれば自然に出血が止まるのは，[ア]というしくみがはたらくからである。

5.ア 血液凝固

6. ヒトの神経系は ア 神経系と イ 神経系にわけられる。さらに、 ア 神経系は脳と脊髄にわけられ、 イ 神経系は自律神経系と体性神経系にわけられる。

7. 自律神経系は ア 神経と イ 神経からなり、本人の意思とは関係なくはたらく。
ア 神経は、興奮したり運動したりしたときにはたらき、体を緊張・活動状態にする。一方で イ 神経は、食後やリラックスしたときにはたらき、体を安静・休息状態にする。

8. 自律神経系の最高中枢は ア に存在する。

9. 自律神経の分布を見ると、交感神経は ア から出ている。一方、副交感神経は中脳と イ 、脊髄下部から出ている。

10. 中枢神経系である脳は、 ア 、間脳、中脳、小脳、延髄などにわけられる。間脳、中脳、延髄をまとめて イ といい、生命維持に重要な役割を果たしている。

6. ア　中枢
　　イ　末梢

7. ア　交感
　　イ　副交感

8. ア　間脳の視床
　　　　下部

9. ア　脊髄
　　イ　延髄

10. ア　大脳
　　　イ　脳幹

11. ホルモンによって情報を伝えるシステムを ア という。 ア は神経系と協同的にはたらき，体内環境を維持している。

11. ア 内分泌系

12. 恒常性の最高中枢は間脳の視床下部である。 ア は視床下部の下面に存在し，前葉と後葉にわかれている。

12. ア 脳下垂体

13. 血液中のホルモン量は， ア というしくみによって調節されることで，体内環境を維持している。 ア とは，最終産物や最終的な結果が前の段階にもどって作用を及ぼすことで，特に作用が抑制的にはたらく場合を イ という。

13. ア フィードバック
イ 負のフィードバック

14. ア とは，すい臓のランゲルハンス島Ｂ細胞が破壊され，インスリンの分泌量が減少する自己免疫疾患である。 イ とは，インスリンは分泌されるが，標的細胞に対してインスリンが作用しにくくなったり，インスリンへの感受性が低下したりすることで生じる糖尿病である。

14. ア Ⅰ型糖尿病
イ Ⅱ型糖尿病

15. 免疫は，大きく３段階の防衛にわけられる。まず，体内への異物の侵入そのものを防ぐ ア がはたらく。次に，体内に侵入した異物を白血球が直接排除する イ がはたらく。さらに，排除しきれなかった異物は，リンパ球が特異的に排除する ウ がはたらく。

15. ア 物理的・化学的防御
イ 自然免疫
ウ 適応免疫
（獲得免疫）

16. 自然免疫では，白血球が体内に侵入した異物を直接取り込み，分解して排除する。このはたらきを　ア　という。自然免疫に関わる白血球は，マクロファージや樹状細胞，好中球などの　イ　である。

17. 適応免疫は　ア　と　イ　にわけられる。　ア　は，B細胞を中心とする免疫反応で，抗原を認識して活性化したB細胞は，抗原と特異的に結合する　ウ　を分泌して，異物の排除を進める。一方，　イ　は，T細胞を中心とする免疫反応で，T細胞の一種である　エ　が，ウイルスなどに感染した細胞やがん化した細胞を直接攻撃することで異物の排除を進める。

18. エイズは，　ア　の感染が原因の病気である。この病気になると，免疫機能が著しく低下するため，健康な人ならば発症しないような病原性の低い病原体に対しても発症するようになってしまう。このような状態を　イ　という。

19. 弱毒化・無毒化したワクチンを用いて病気の発症を予防する方法を　ア　という。一方，動物につくらせた抗体を用いてヘビ毒などの治療を行う方法を　イ　という。

16. ア　食作用
イ　食細胞

17. ア　体液性免疫
イ　細胞性免疫
ウ　抗体
エ　キラーT細胞

18. ア　HIV（ヒト免疫不全ウイルス）
イ　日和見感染

19. ア　予防接種
イ　血清療法

SECTION4
植生の多様性と生態系の保全

1. ある一定の地域に生息し，その地域の表面を覆っている植物全体を ア といい， ア 全体を外からながめたときの外観のことを イ という。

2. 地球上にはさまざまな植生があるが，相観によって， ア ・ イ ・ ウ の三つに大別される。

3. 森林は，年降水量の多い地域に成立する植生で，密に生えた樹木が植生の外観を特徴づけている。森林は， ア ， イ ， ウ ， エ などに分類される。

4. 草原は ア ， イ などに分類される。

5. 荒原は，高山や極地，溶岩流の跡地などにみられる植生で，植物がまばらにしか見えない。降水量がきわめて少ない乾燥の激しい ア や高緯度の極端に気温が低い地域の イ などが知られている。

1.ア 植生
　イ 相観

2.（順不同）
　ア 森林
　イ 草原
　ウ 荒原

3.（順不同）
　ア 熱帯多雨林
　イ 照葉樹林
　ウ 夏緑樹林
　エ 針葉樹林

4.（順不同）
　ア ステップ
　イ サバンナ

5.ア 砂漠
　イ ツンドラ

6. 森林は，高さによって上から，高木層，亜高木層，低木層， ア ，地表層などの イ をとる。森林の最上部にある葉や枝の集まりを ウ ，森林の最下部を林床という。

7. 岩石が風化した砂などに，落葉・落枝，生物の遺体が分解された有機物が混じってできたものを ア という。森林のように有機物が豊富に供給される場所では ア が発達する。

8. 植物は，光合成で二酸化炭素を吸収するとともに，呼吸によって二酸化炭素を放出する。出入りする二酸化炭素に着目して，単位時間あたりの植物の光合成量および呼吸量を表すことができ，それぞれ ア ， イ という。

9. ある場所の植生が時間とともに変化していく現象を ア という。 ア のうち，植物や土壌のまったくない完全な裸地から始まる遷移のことを イ ，伐採・山火事・放棄された畑の跡など，植物や土壌を含む場所から始まる遷移のことを ウ いう。

10. 高木の枯死や台風による倒木などによって林冠に ア ができると，そこから二次遷移が始まる。 ア における森林の樹木の入れ替わりを イ という。

6.ア 草本層
イ 階層構造
ウ 林冠

7.ア 土壌

8.ア 光合成速度
イ 呼吸速度

9.ア 遷移
イ 一次遷移
ウ 二次遷移

10.ア ギャップ
イ ギャップ更新

11. ある地域の植生とそこに生息する生物のまとまりのことを　ア　といい，陸上の　ア　は，主にその地域の年平均気温と年降水量によって決定される。

11.ア バイオーム

12. 年間を通して高温多雨で優占種のないバイオームを　ア　という。気温の高い熱帯・亜熱帯のうち，低緯度で乾季と雨季がはっきりしており，年降水量の少ない地域のバイオームを　イ　という。年間を通して気温の低い亜寒帯の地域でシラビソ，コメツガ，トウヒなどが代表的な植物であるバイオームを　ウ　という。

12.ア 熱帯多雨林
イ 雨緑樹林
ウ 針葉樹林

13. 　ア　は熱帯・亜熱帯の乾燥地域で，アカシアなどが代表的な植物である。　イ　は，温帯の乾燥地域であり，樹木はほとんど見られない。　ウ　は，極端に年降水量の少ない乾燥地域で，乾燥に強いサボテンなどの多肉植物が点在するものの，ほとんど植物は見られない。

13.ア サバンナ
イ ステップ
ウ 砂漠

14. 緯度に応じたバイオームの分布を　ア　，標高の高さに応じたバイオームの分布を　イ　という。

14.ア 水平分布
イ 垂直分布

15. 一つの地域に生活するすべての生物と，それをとりまく無機的環境を一つのかたまりとしてみなしたものを　ア　という。

15.ア 生態系

16. 生物にとっての環境は，| **ア** |と| **イ** |にわけられる。| **ア** |は，同種・異種の生物からなり，| **イ** |は水や温度，光や土壌などからなる。

17. 生態系の中で，植物のように無機物から有機物をつくる生物を| **ア** |という。また，有機物を捕食する生物を| **イ** |といい，| **イ** |の中でも生物の死がいなどを有機物としてとり込み無機物に分解する生物を| **ウ** |という。

18. 生態系にいる生物は，互いに「食う‐食われる」の関係を通してつながっている。この関係を| **ア** |という。実際の自然界では，直線的な関係性ではなく，複雑な網目状の関係になっており，このようなつながりを| **イ** |という。

19. 生産者，一次消費者，二次消費者…といった食物連鎖の各段階のことを| **ア** |という。ある生態系の生物の個体数を栄養段階ごとに積み上げたものを| **イ** |といい，同様に一定面積中に存在する生物体の総量を栄養段階ごとに積み上げたものを| **ウ** |という。このように，生物のいろいろな量を，栄養段階ごとに積み上げたものを| **エ** |という。

16. ア 生物的環境
イ 非生物的環境

17. ア 生産者
イ 消費者
ウ 分解者

18. ア 食物連鎖
イ 食物網

19. ア 栄養段階
イ 個体数ピラミッド
ウ 生物量ピラミッド
エ 生態ピラミッド

20. 生態系は環境の変化や生物どうしの相互作用により絶えず変動しているが，その幅は一定範囲に保たれている。この状態を，　ア　という。また，かく乱されても，その程度が小さいと長い年月の間にもとの状態にもどる力がある。これを　イ　という。

21. 人間活動により他の生態系から運ばれ，定着した生物のことを　ア　といい，特に移入先の生態系に大きな影響を与えるものを　イ.　という。

22. 個体数が減少し続けており，絶滅のおそれがある生物のことを　ア　という。絶滅のおそれのある生物の絶滅の危険性の高さを判定して分類したものをレッドリストといい，その生物の分布や危険度を具体的に記したものを　イ　という。

20. ア 生態系のバランス
イ 生態系の復元力

21. ア 外来生物
イ 侵略的外来生物

22. ア 絶滅危惧種
イ レッドデータブック

Gakken

BP

きめる! KIMERU SERIES

［別冊］

物理基礎 改訂版

Basic Physics

直前まで役立つ!
完全対策BOOK

きめる！ KIMERU SERIES

別冊の特長

別冊では，本冊で取り上げた各大問の特徴をまとめて，共通テスト物理基礎全体の特徴として整理しました。また，本冊で紹介した得点力アップのPOINTも一覧にしてまとめました。いずれのPOINTも知っておくと，共通テスト物理基礎の得点アップにつながるものばかりなので，本冊を終えたあとから，模擬試験や共通テスト本番直前まで，この別冊を使って確認してください。

もくじ

SECTION別
「分析」と「対策」 ……………………………………… 002

読むだけで点数アップ！
物理基礎要点集……………………………………… 005

👍 SECTION 1 で学ぶこと

力学

☐ 問題に合わせて公式をカスタマイズ

　物理において，覚える公式の数は必要最低限にしたいところ。等加速度運動の公式は，問題に合わせてカスタマイズできることが大切だ。これができれば落下運動も同じように解くことができる。

　そして，図をかくこともとても大切。どの単元の問題でも，問題文の状況を図にしてから解いていくと，正確に状況を把握できるからミスも減るよ。

☐ 運動の様子を見て，つくる式を選ぼう

　物理の問題で出てくる物体は，もちろん誌面では動いていないんだけど，設定として止まっていたり動いていたりする。

　問題文を読んで，物体の動きをイメージし，物体の動きに合わせて**力のつり合い**または**運動方程式**を作っていこう。

☐ **エネルギー保存の式は外力に注意！**

　エネルギーの保存の問題では，物体の「**はじめ**」と「**あと**」の様子をそれぞれ着目しながらエネルギーを書き出していこう。そして，重力や弾性力以外の力（外力）がはたらいているかに注意をして，「はじめ」と「あと」を等式，つまりイコールで結ぶよ。

👍 S E C T I O N 2 で 学 ぶ こ と

熱力学

☐ **熱量の保存で「あげた人」と「もらった人」を明確に**

熱量の保存では，2〜3個の物体が出てくる問題がほとんどだ。その場合，**熱をあげた人（失った物体）ともらった人（得た物体）**を明確にしよう。

☐ **熱力学第一法則から自然現象を説明**

熱力学第一法則の式 $Q=\Delta U+W$ は，式自体を覚えることよりも，その式が示す意味を理解していることが大切だ。

👍 S E C T I O N 3 で 学 ぶ こ と

波動

☐ **定在波（定常波）の形から波長を計算できるように**

波動の基本は，**波の公式 $v=f\lambda$** をまずはおさえることだ。

弦や気柱には，いろいろなパターンの**定在波（定常波）**ができる。この様子から，波長を求められることが大切だよ。「定在波，葉っぱ2枚で，1波長」と5・7・5のリズムで覚えておこう。他の分野と同様，問題で生じる定在波の要素を図でかくことが大切だ。

👍 S E C T I O N 4 で 学 ぶ こ と

電磁気

☐ **電気回路を水路モデルでイメージ**

電気分野で特に大切な3つの物理量，電流・電圧・抵抗の関係を示すのが**オームの法則 $V=IR$**。公式は必ず覚えよう。

電気回路については，次の3ステップに沿えばいろいろな物理量を求めることができる。

電気回路の3ステップ解法

ステップ① 抵抗に流れる電流，電圧の大きさをそれぞれ文字でおく

ステップ② それぞれの抵抗でオームの法則の式を作る

ステップ③ 電源の電圧や各抵抗にかかる電圧について，水路モデルを意識しながら等式で結ぶ

☐ 右手と左手の使い分け

右手はグッドの形しか使わない。そして右手の使い方は2種類ある。どちらも電流の向きと指を先に合わせるのがポイントだ。

フレミング左手の法則は，その名の通り左手を使う。中指の電流から順番に対応させていくと，導線が動く向きがわかるよ。

☐ 誘導電流の向き

コイルは貫く磁力線を一定に保とうとする性質がある。

例えば，Nが近づいてきたら上向きの磁場を作ろうとして電流が流れ，遠ざかれば下向きの磁場を作ろうとする。

右手の親指を先に向けることで，流れる電流の向きがわかるよ。

👆 SECTION 5 で 学 ぶ こ と

エネルギーと原子

☐ 原子の構造，放射線の種類と性質

原子の構造に関わる粒子と，その電気的な性質をおさえよう。

また，3つの放射線と，その実体や性質を覚えておこう。電気的な性質から，放射線を分離することができるよ。

	電気	実体	電離作用	透過力
α 線	＋	ヘリウム原子核	大	小
β 線	－	電子	中	中
γ 線	なし	電磁波	小	大

きめる!
KIMERU SERIES

読むだけで点数アップ!

物理基礎要点集

SECTION 1　力学

速度と加速度

速度の式・加速度の式

・速度の式　　　$v = \dfrac{x}{t}$　　（速さ＝距離÷時間）

・加速度の式　　$a = \dfrac{v}{t}$　　（加速度＝速度÷時間）

変数は箱のようなもの

2 m の距離を 4 秒で動いたときの速度を求める場合

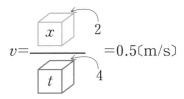

$$v = \dfrac{x\ \curvearrowleft 2}{t\ \curvearrowleft 4} = 0.5\,(\mathrm{m/s})$$

速さと速度

速さは大きさ，速度は大きさ＋向き

　　　　　　西　　　　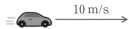　10 m/s　　　　　東

速さ：10 m/s　　速度：東向きに 10 m/s

---

v–t グラフの法則

v–t グラフの**傾き**は，加速度！
v–t グラフの**面積**は，移動距離！

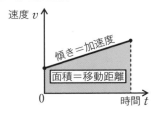

 ## 等加速度運動の公式

等加速度運動の位置の公式・速度の公式

$$x = \frac{1}{2}at^2 + v_0 t \quad \cdots\cdots 位置の公式$$

$$v = at + v_0 \quad\quad\cdots\cdots 速度の公式$$

$$v^2 - v_0^2 = 2ax \quad\cdots\cdots 時間のない式$$

 ## v–t グラフと公式のつながり

（速度の式）

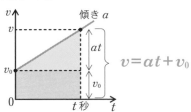

（位置の式）

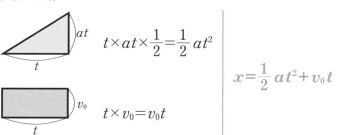

$$t \times at \times \frac{1}{2} = \frac{1}{2}at^2$$

$$t \times v_0 = v_0 t$$

$$x = \frac{1}{2}at^2 + v_0 t$$

等加速度運動の問題の解き方

等加速度運動の 3 ステップ解法

ステップ **1** 　絵をかいて，動く方向に軸をのばす

ステップ **2** 　軸の方向を見て，速度・加速度に＋または－をつける

ステップ **3** 　a, v_0 を「等加速度運動の公式」に入れて問題にあった式を作る

例　ある車が原点を正の方向に $2.0\,\text{m/s}$ で通過した。この瞬間，車は加速度 $4.0\,\text{m/s}^2$ で加速をはじめた。

ステップ **1** 　絵をかいて，動く方向に軸をのばす

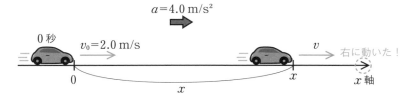

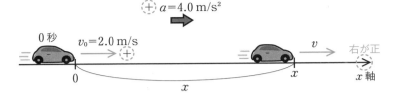

$$x = \frac{1}{2}\underset{\substack{\uparrow \\ +4.0}}{a}t^2 + \underset{\substack{\uparrow \\ +2.0}}{v_0}t = 2t^2 + 2t$$

$$v = \underset{\substack{\uparrow \\ 4.0}}{a}t + \underset{\substack{\uparrow \\ 2.0}}{v_0} = 4t + 2$$

- -

🏆 落下運動

自由落下	鉛直投げ下ろし	鉛直投げ上げ

$$\begin{cases} y = \dfrac{1}{2}gt^2 \\ v = gt \end{cases} \qquad \begin{cases} y = \dfrac{1}{2}gt^2 + v_0t \\ v = gt + v_0 \end{cases} \qquad \begin{cases} y = -\dfrac{1}{2}gt^2 + v_0t \\ v = -gt + v_0 \end{cases}$$

　落下運動には上記のような公式があるが，これらの公式は覚えてはいけない！　これらの公式は「等加速度運動の3ステップ解法」を使って，問題ごとに作っていく！

例 自由落下の場合

ステップ① **絵をかいて，動く方向に軸をのばす**

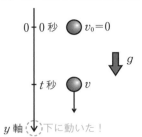

0 ┼ 0秒 ● $v_0=0$

g

┼ t秒 ● v

y軸 ⌄下に動いた！

ステップ② **軸の方向を見て，速度・加速度に＋または－をつける**

重力加速度 g も初速度も下向きなので＋になる。

ステップ③ **a，v_0 を「等加速度運動の公式」に入れて問題にあった式を作る**

$$y=\frac{1}{2}\underset{g}{\textcircled{a}}t^2+\underset{0}{\textcircled{v_0}}t=\frac{1}{2}gt^2$$

$$v=\underset{g}{\textcircled{a}}t+\underset{0}{\textcircled{v_0}}=gt$$

鉛直投げ上げの注意点

鉛直投げ上げについては注意が必要！

鉛直投げ上げの秘訣！

① 上向きに軸をとること！　加速度はずっと「$-g$」

② 最高点では速度が 0 になる

③ 最高点で左右対称

① 上向きに軸をとること！　加速度はずっと「$-g$」

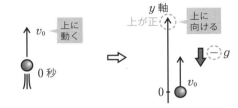

軸の向きと重力加速度の向きが違う！

② 最高点では速度が 0 になる

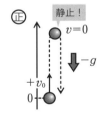

③ 最高点で左右対称

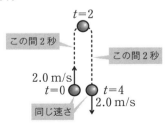

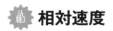 相対速度

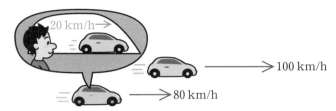

100 km/h

80 km/h

このように，100 km/h の車を 80 km/h の車に乗った人が観測すると 20 km/h に見える。動いている観測者にとっての，自分を基準にした速度を相対速度という。

相対速度の 3 ステップ解法

ステップ ❶　私のベクトル（矢印）をかく
ステップ ❷　（始点をそろえて）あなたのベクトルをかく
ステップ ❸　私からあなたへ〜♪

ステップ ❶　私のベクトル（矢印）をかく

❶ ———— 80 ————→

ステップ ❷　（始点をそろえて）あなたのベクトルをかく

❶ ———— 80 ————→
❷ ———— 100 ————→

ステップ ❸　私から〜あなたへ〜♪

❶ ———— 80 ————→ ❸ ⇒ 20
❷ ———— 100 ————→

運動方程式

運動方程式

$ma=F$ （Fは残った力）

（質量×加速度＝力）

２つの力がはたらいた場合は，合成して１つにまとめる。

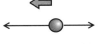

これを運動方程式に代入する。

$ma=5$ ←残った力

 ## 力のつり合い

物体が静止しているとき，力は上下方向や左右方向でつり合っている。

力のつり合い

⬆上向きの力　＝　下向きの力⬇

⬅左向きの力　＝　右向きの力➡

静止　$F_1=F_2$

力の見つけかた

力の見つけかたの 3 ステップ

ステップ **1** 顔をかいて，注目する物体になりきる

ステップ **2** 重力をかく

ステップ **3** 触れてはたらく力をかく

例 次の物体にはたらく力を見つけなさい。

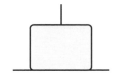

ステップ **1** 顔をかいて，注目する物体になりきる

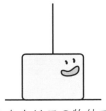

あなたはこの物体です

ステップ **2** 重力をかく

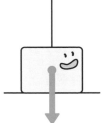

ステップ **3** 触れてはたらく力をかく

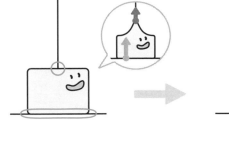

物体に触れているところを確認すると，床と糸ですね。

いろいろな力

〇重力

重力の公式

$$W = mg \quad 〔N〕$$
（重力〈重さ〉＝質量×重力加速度）

〇触れてはたらく力

垂直抗力 N 張力 T 摩擦力 f

 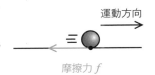

ばねの力（弾性力）

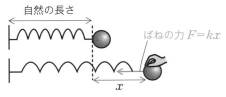

ばねの力の式

$$F = kx \quad 〔N〕$$
（ばねの力＝ばね定数×ばねの伸び〈または縮み〉）

力と運動の問題の解きかた

力と運動の 3 ステップ解法

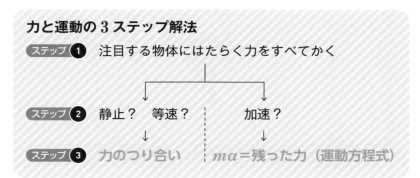

例 質量が 0.50 kg の物体に糸をつけて，鉛直上向きに 6.0 N の
力で引っ張ると，この物体は加速し始めた。このときの加速度
を求めよ。

ステップ ① **注目する物体にはたらく力をすべてかく**

力を見つける 3 ステップでかいていく。

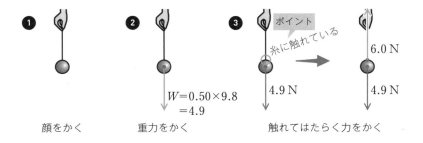

ステップ ② **静止？ 等速？ なのか 加速？ なのか！**

問題文を読むと，今回は「加速していること」がわかる。

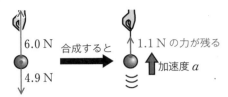

6.0 N　合成すると　1.1 N の力が残る
4.9 N　　　　　　　　加速度 a

$$\underset{\underset{0.50}{\uparrow}}{ma}＝\underset{\underset{1.1}{\uparrow}}{\boxed{残った力}}$$

$$0.50a＝1.1$$
$$a＝2.2〔\mathrm{m/s^2}〕$$

例 重さ2Nの物体に糸をつけ,天井からつるした。このときの
糸の張力を求めよ。

ステップ ❶　**注目する物体にはたらく力をすべてかく**

今回は「重さが2N」と書かれているので,そのまま使う。

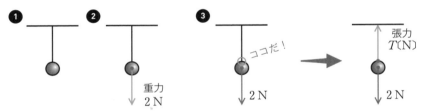

❶　　　　　❷　　　　　❸　　　　　　　　　　　　　　　張力
　　　　　　　　　　　　　　　　　　　　　　　　　　　　T〔N〕
　　　　　　　　　　　　　　　ココだ！
　　　　　　　　重力
　　　　　　　　2 N
　　　　　　　　　　　　　　2 N　　　　　　　　　　　　2 N

顔をかく　　　重力をかく　　触れてはたらく力をかく

ステップ ❷　**静止？　等速？　なのか　加速？　なのか！**

問題文を読むと,物体は「静止」していることがわかる。

ステップ ❸　**静止しているので,「力のつり合い」を使う**

上下の力が同じなので,張力も2Nとなる。

つり合う　　T〔N〕　　　　①の力＝⑪の力
　　　　　　2 N　　　　　　　T　＝2〔N〕

 **力の分解**

力の分解の 3 ステップ

ステップ **①** x 軸と y 軸を引く

ステップ **②** 矢印が対角線になるように長方形を作る

ステップ **③** 2 本の矢印に分解する

例 台車を水平面から $30°$ 上向きに $5\,\mathrm{N}$ の力で引っ張ったときの水平成分の力の大きさを求めよ。

ステップ **①** x **軸と** y **軸を引く**

台車が右方向に加速をはじめたということは，**運動方程式でいえば，力が右に残っているはず**。そのため，右方向に x 軸を，直交するように y 軸をのばす。

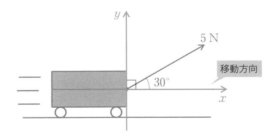

ステップ **②** **矢印が対角線になるように長方形を作る**

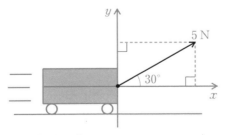

上の図のように長方形を作ること。

交点に向かって「2つの新しい力」を作成する。

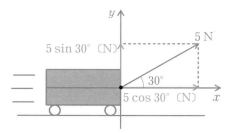

サインとコサインを使いこなそう。

斜面上の運動

斜面上の物体の運動も「力と運動の3ステップ解法」で解く。
軸の分解方向に注意！

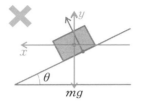

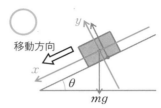

x 軸方向は運動方程式，y 軸方向は力のつり合い

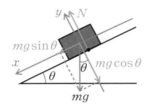

y 軸方向

①の力＝①の力
　↑　　　　↑
　N　　$mg\cos\theta$

$$N = mg\cos\theta$$

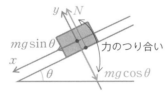

x 軸方向

$$ma = \boxed{残った力}$$
　　　　　↑
　　　$mg\sin\theta$

$$a = g\sin\theta$$

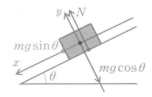

🏅 2 物体の運動

2 物体の運動も「力と運動の 3 ステップ解法」を使う。ただし 2 物体の場合には，物体を 1 つずつ見ながら作っていく。

例 質量 m_1 の物体 P と，質量 m_2 の物体 Q を軽い糸で結び，さらに物体 P に糸をもう 1 つつけて，図のように力 F で引っ張り上げた。

このときの物体 P および物体 Q の加速度を求めよ。また P–Q 間をつなぐ糸の張力 T を求めよ。

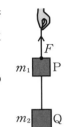

ステップ ① 注目する物体にはたらく力をすべてかく

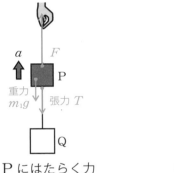

P にはたらく力

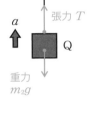

Q にはたらく力

ステップ ② **ステップ ③** 静止？ 等速？→力のつり合い
加速？→ma＝残った力

P について

$$\underset{\underset{m_1}{\uparrow}}{m}a=\underset{\underset{F-m_1g-T}{\uparrow}}{\boxed{残った力}}$$

$$m_1a=F-m_1g-T$$

Q について

$$\underset{\underset{m_2}{\uparrow}}{m}a=\underset{\underset{T-m_2g}{\uparrow}}{\boxed{残った力}}$$

$$m_2a=T-m_2g$$

摩擦力とグラフ

　公式も大事ですが，**「最大摩擦力に達していないときは，力の
つり合いから静止摩擦力を求める」**ということも知っておかない
といけない。グラフとイメージを頭に入れておくこと。

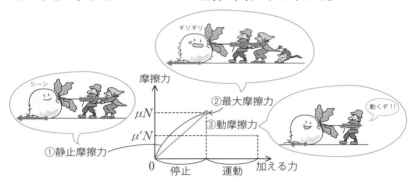

- -

 力と圧力

圧力の公式

$$P = \frac{F}{S} \ (\mathrm{Pa}) \ \text{または} \ (\mathrm{N/m^2})$$

$$\left(\text{圧力} = \frac{\text{力}}{\text{面積}}\right)$$

密度の式

$$\rho = \frac{m}{V} \ (\mathrm{kg/m^3})$$

$$\left(\text{密度} = \frac{\text{質量}}{\text{体積}}\right)$$

水圧の公式

$$P_水 = \rho_水 hg \quad 〔\text{Pa}〕 \text{ または } 〔\text{N/m}^2〕$$

（水圧＝水の密度×深さ×重力加速度）

浮力の公式

$$F = \rho_水 V_{物体} g$$

（浮力＝水の密度×沈んだ部分の体積×重力加速度）

老ブイ爺
ρ　V　g

仕事の式

仕事の式

$$W = Fx \quad 〔\text{J}〕$$

（仕事＝加えた力×移動距離）

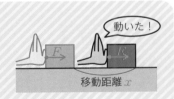

動いた！

移動距離 x

👍 仕事には向きがある

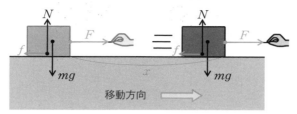

上図において F の仕事は正，f の仕事は負，
N や mg の仕事は 0

👍 仕事率

$$P = \frac{W}{t}$$

$$仕事率 = \frac{仕事}{かかった時間}$$

👍 仕事の原理

道具を使っても仕事の大きさは変化しない。

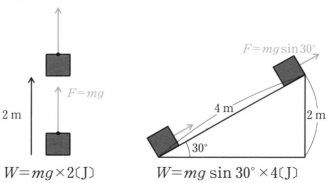

$$W = mg \times 2 〔J〕$$

$$W = mg \sin 30° \times 4 〔J〕$$

力学的エネルギーの公式

運動エネルギーの公式

$$E = \frac{1}{2}mv^2 〔J〕$$

$$\left(運動エネルギー = \frac{1}{2} \times 質量 \times 速度の2乗\right)$$

位置エネルギーの公式

$$E = mgh 〔J〕$$

（位置エネルギー＝質量×重力加速度×高さ）

弾性エネルギーの公式

$$E = \frac{1}{2}kx^2 〔J〕$$

$$\left(弾性エネルギー = \frac{1}{2} \times ばね定数 \times ばねの伸びの2乗\right)$$

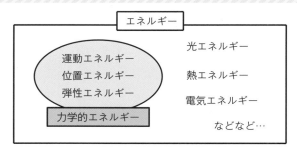

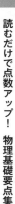

力学的エネルギーの保存

外力がはたらかない場合，力学的エネルギーは保存する。

例 物体の投げ上げ運動，摩擦のない斜面に沿った運動，振り子運
動など

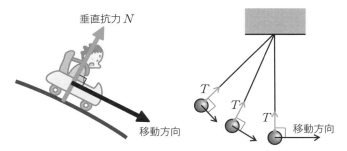

移動方向に対して垂直な力（上図の N や T）は仕事をしない。

エネルギーの保存

外力がはたらいた場合，その外力の仕事を含めるとエネルギーは
保存する。

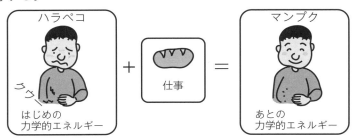

SECTION 2　熱力学

絶対温度とセルシウス温度

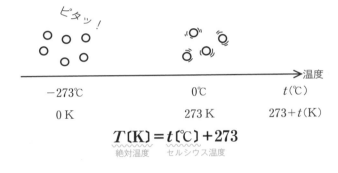

$$T\,(\mathrm{K}) = t\,(\mathrm{℃}) + 273$$

絶対温度　　セルシウス温度

熱量の式と比熱・熱容量

c は**物質の温まりにくさを示した量**で，**比熱**（ひねつ）という。比熱が大きい物質ほど，温度変化が小さい，つまり温まりにくいことを示している。**物質 1 g の温度を 1 K 上昇させるのに必要な熱量 J が，その物体の比熱を意味する。**

熱量の式

$$Q = mc\Delta T$$

（与えた熱＝質量×比熱×温度変化）

また，この公式の mc をまとめて，大文字の C として表した，次の形でもよく使われる。

$$Q \underset{\text{与えた熱}}{} = \underset{\text{熱容量}}{C} \underset{\text{温度変化}}{\Delta T}$$

C を熱容量といい，**ある物質の温度を 1 K 上昇させるのに必要な熱量**のことを示す。

🖐 熱量の保存

熱量の保存の 3 ステップ解法

ステップ❶ 絵をかき，「あげた人」と「もらった人」を明確にする

ステップ❷ あげた熱量ともらった熱量を，それぞれ書き出す

ステップ❸ あげた熱量＝もらった熱量

例 右図のように，断熱容器に入れた温度 10.0℃ の水 100 g に 96.0℃ の鉄球を沈め十分な時間が経過すると，水と鉄球はともに 12.0℃ になった。鉄球の質量はいくらか。ただし，水の比熱を 4.2 J/(g·K)，鉄の比熱を 0.45 J/(g·k) とする。

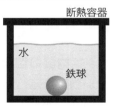

ステップ **1**　絵をかき，「あげた人」と「もらった人」を明確にする

あげた人　　　　　もらった人

$c=0.45$
m〔g〕

96℃ → 12℃

水
$c=4.2$
100 g

10℃ → 12℃

ステップ **2**　あげた熱量ともらった熱量を，それぞれ書き出す

鉄球：あげた熱量 $Q=m×0.45×(96-12)$　……①

水：もらった熱量 $Q=100×4.2×(12-10)$　……②

ステップ **3**　あげた熱量＝もらった熱量

　あげた熱量ともらった熱量が同じになるのが熱量の保存である。①と②を等式で結ぶ。

$$\boxed{\text{あげた熱量}} \quad = \quad \boxed{\text{もらった熱量}}$$
$$m×0.45×(96-12) \quad = \quad 100×4.2×(12-10)$$

これを m について解くと $m≒22$ g となる。　　答

🔥 熱力学第一法則

熱力学第一法則の式

$$Q=\varDelta U+W$$

（気体に与えた熱エネルギー ＝ 内部エネルギーの変化 ＋ 気体がした仕事）

熱効率

熱効率の式

$$e = \frac{W}{Q}$$

$$\left(熱効率 = \frac{熱機関がした仕事}{与えた熱量} \right)$$

SECTION 3 　波動

 波を表す物理量

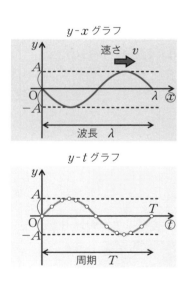

y-x グラフ

y-t グラフ

記号	意味	説明
λ〔m〕	波長	1つの波(山+谷)の長さ
A〔m〕	振幅	波の高さ
v〔m/s〕	波の速さ	波の速さ $v = f\lambda$ 公式
T〔s〕	周期	・1つの波がある点を通過するときの時間 ・媒質が1回振動する時間 $T = \dfrac{1}{f}$ 公式
f〔Hz〕	振動数	・媒質の1秒間の振動回数 ・1秒間にある点を通った波の個数 $f = \dfrac{1}{T}$ 公式

波の動きのイメージ

波が移動するのは，媒質の位置（高さ）が変動するため。

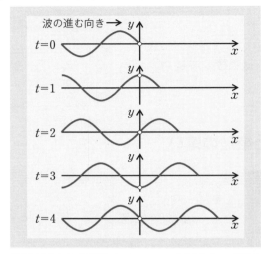

媒質が１回振動する ＝ 波が１つ通る

 ## 原点の媒質の運動と y–t グラフ

　媒質のある点の振動の時間変化を見えるようにしたのが，y–t グラフである。上のグラフの原点の動きを y–t グラフにすると，次のようになる。

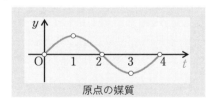

原点の媒質

振動数と周期の公式

$$f = \frac{1}{T} \quad \left(\text{または } T = \frac{1}{f}\right)$$

波の公式

$$v = f\lambda$$

速さ＝振動数×波長

横波と縦波の違い

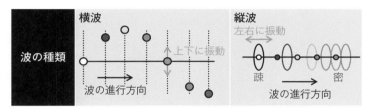

波の重ね合わせの原理

　波はそれぞれ独立しており，2つの波がぶつかると，波の振幅の足し算が行われる。これを波の**重ね合わせの原理**という。

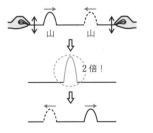

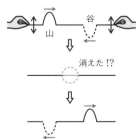

波の反射

・自由端反射

山は山，谷は谷で，同じ形で返ってくる。水面波など。

・固定端反射

山は谷，谷は山で，逆の形で返ってくる。固定したバネなど。

[例] この波の固定端反射の様子を作図しなさい。

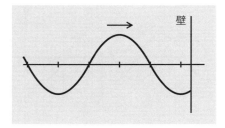

反射波の 3 ステップ解法

- ステップ❶　壁の中の世界に「山」の部分を写しとる
- ステップ❷　固定端の場合は「山」をひっくり返して「谷」にする
- ステップ❸　壁の中の山（谷）から波をなめらかに伸ばしていく

ステップ ① 壁の中の世界に「山」の部分を写しとる

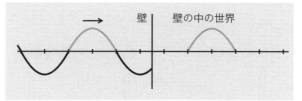

ステップ ② 固定端なら「山」をひっくり返して「谷」にする

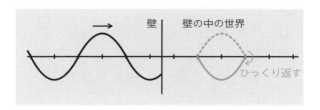

ステップ ③ 壁の中の山（谷）から波をなめらかに伸ばしていく

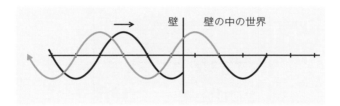

📝 定在波

　反射によって，波の重ね合わせが連続で起こると，移動せずに振動だけが起こる波が発生する。これを**定在波**という。

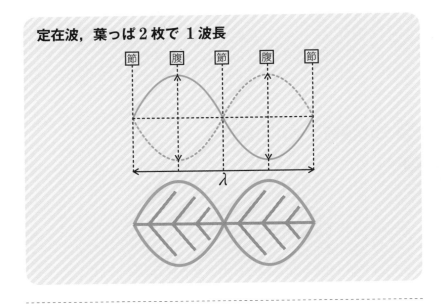

定在波，葉っぱ 2 枚で 1 波長

節　腹　節　腹　節

λ

🔖 音の速さ

　音は空気の粒子が媒質の縦波である。音の速さ V は，気温 t と比例関係で，$V=331.5+0.6t$ と表されるが，これは**覚えなくてよい！**

　音の速さは温度に比例することと，常温ではおよそ $340\ \mathrm{m/s}$ ということを覚えること。

🔖 うなり

　振動数が少し異なる 2 つの音を同時に聞くと，音が大きくなったり小さくなったりして「ウゥンウゥン」と聞こえる。この現象を**うなり**という。

うなりの式

　1秒間に聞こえるうなりの回数　＝　$|f_1 - f_2|$

弦の振動，気柱の振動

例 長さ L の弦をはじいたところ 2 倍振動で振動した。このとき
　の弦に伝わる波の波長を求めよ。

定在波の 3 ステップ解法

ステップ **1**　絵をかく
ステップ **2**　基本単位の葉っぱの長さを求める
ステップ **3**　葉っぱ2枚の長さから，波長を求める

ステップ **1**　絵をかく

　2 倍振動は，葉っぱが 2 枚入っている。

ステップ **2**　基本単位の葉っぱの長さを求める

　弦の場合は，1 枚の葉っぱの長さが基本単位となる。この長さを
まず求めると，弦の長さが L なので，1 枚の葉っぱの長さは $\dfrac{1}{2}L$
である。（気柱の場合は，0.5 枚の葉っぱの長さが基本単位となる）

ステップ **3**　葉っぱ2枚の長さから，波長を求める

　2 倍して葉っぱ 2 枚にすると，L となる。これが，2 倍振動にお
ける定在波の波長である。

$$\lambda = L \quad 答$$

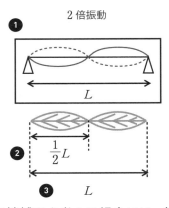

2 倍振動

気柱の問題で開口端補正を考える場合には，気柱の長さ L に Δx を足し合わせることに注意。

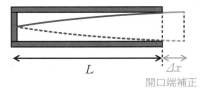

開口端補正

代表的な弦の振動

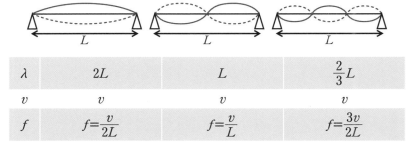

	基本振動	2 倍振動	3 倍振動
λ	$2L$	L	$\dfrac{2}{3}L$
v	v	v	v
f	$f=\dfrac{v}{2L}$	$f=\dfrac{v}{L}$	$f=\dfrac{3v}{2L}$

※ v は張力や密度によって変わる。

代表的な気柱の振動（開管）

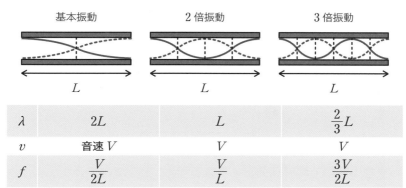

	基本振動	2倍振動	3倍振動
λ	$2L$	L	$\dfrac{2}{3}L$
v	音速 V	V	V
f	$\dfrac{V}{2L}$	$\dfrac{V}{L}$	$\dfrac{3V}{2L}$

代表的な気柱の振動（閉管）

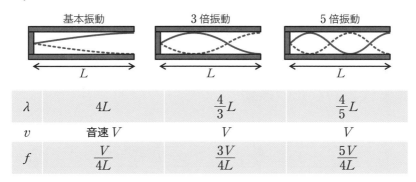

	基本振動	3倍振動	5倍振動
λ	$4L$	$\dfrac{4}{3}L$	$\dfrac{4}{5}L$
v	音速 V	V	V
f	$\dfrac{V}{4L}$	$\dfrac{3V}{4L}$	$\dfrac{5V}{4L}$

SECTION 4 　電磁気

電流

電流と電気量の式

$$I=\frac{q}{t} \ \text{〔A〕}$$

電流＝$\dfrac{電気量}{時間}$

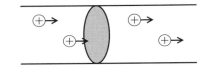

オームの法則

オームの法則

$$V=IR$$

電圧＝電流×抵抗値

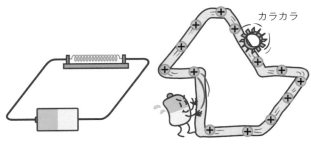

　電流は水の流れ，電池はポンプ，抵抗は水車と考えると，回路のイメージがしやすい。

抵抗の公式

　抵抗の抵抗値 R は，長いほど，断面積が小さいほど大きい。水道管をイメージしよう。

> **抵抗の公式**
>
> $$R = \rho \frac{L}{S} \quad (\Omega)$$
>
> 抵抗＝抵抗率 $\times \dfrac{抵抗の長さ}{断面積}$

電力

> **電力の公式**
>
> $$P = IV \quad (W)$$
>
> （電力＝電流×電圧）

ジュール熱・電力量

ジュール熱・電力量の式

$$Q（または W）= IVt$$

（熱量〈または電力量〉＝電流×電圧×時間）

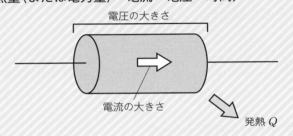

電圧の大きさ

電流の大きさ

発熱 Q

- 水路を流れる水を増やす→電流 I を大きくする（①）
- 水路の高さを高くする　→電圧 V を大きくする（②）
- 長い時間，水を水車に当てる→時間 t を長くする

① 水の量を増やす⇒電流大 　　② 高くする⇒電圧大

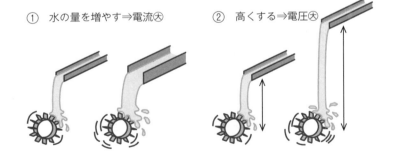

合成抵抗の公式

直列接続の合成抵抗の公式

$$R_合＝R_1＋R_2$$

並列接続の合成抵抗の公式

$$\frac{1}{R_合}＝\frac{1}{R_1}＋\frac{1}{R_2}$$

 ## 回路の問題の解きかた

例 4.0 Ω，6.0 Ω の抵抗と 9.0 V の電池を
直列に接続した。このとき回路に流れる
電流の大きさは何 A か。

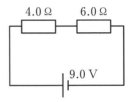

電気回路の 3 ステップ解法

ステップ **1** 抵抗に流れる電流，電圧の大きさをそれぞれ文字
でおく

ステップ **2** それぞれの抵抗でオームの法則の式を作る

ステップ **3** 電源の電圧や各抵抗にかかる電圧について，水路
モデルを意識しながら等式で結ぶ

抵抗に流れる電流，電圧の大きさをそれぞれ文字でおく

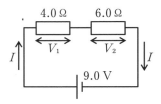

ステップ **2** **それぞれの抵抗でオームの法則の式を作る**

それぞれの抵抗についてオームの法則を作る。

A の抵抗： $V_1 = I \times 4.0 = 4I$ ……①

B の抵抗： $V_2 = I \times 6.0 = 6I$ ……②

ステップ **3** **電源の電圧や各抵抗にかかる電圧について，水路モデルを意識しながら等式で結ぶ**

水路モデルをイメージすると，2 つの抵抗で 1 つずつ水車があり，電圧が下がっていく。

$$9.0 = V_1 + V_2 \quad ……③$$

③式に①式と②式の電圧を代入すると

$$9.0 = 4I + 6I$$
$$9.0 = 10I$$
$$I = 0.90 〔A〕 \quad 答$$

直線電流のまわりにできる磁場

必ず右手を使うこと！

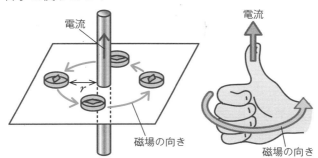

コイルに流れる電流と磁場の向き

右手を使う。上との違いに注意！

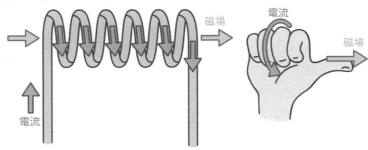

フレミングの左手の法則

必ず左手を使おう！

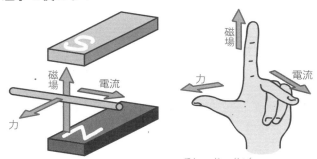

中指・人差し指・親指の順番で，「電・磁・力」と，覚えること。

 ## 電磁誘導

　コイルは磁場の変化を嫌うので，コイルの中心の磁場を一定に保つように電流が流れる。

磁石の N 極を近づけると……

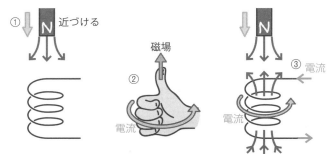

磁石の N 極を遠ざけると……

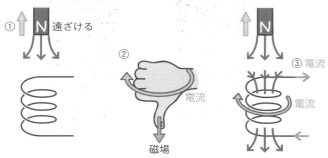

① N 遠ざける

② 電流
磁場

③ 電流
電流

🔋 変圧器

変圧の公式

$$V_1 : V_2 = N_1 : N_2$$

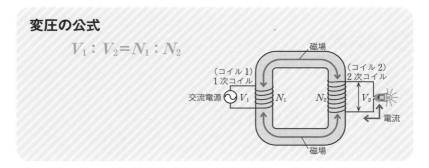

磁場

（コイル1）
1次コイル

（コイル2）
2次コイル

交流電源 V_1　N_1　N_2　V_2

電流

磁場

🔋 電磁波の種類とその利用

波長	名前	備考
10^{-9}以下	X線, γ線	X線はレントゲンに利用される 生物にとても有害
$10^{-9} \sim 3.8 \times 10^{-7}$	紫外線	生物に有害
$3.8 \times 10^{-7} \sim 7.7 \times 10^{-7}$	可視光線	目が感じ取ることができる
$7.7 \times 10^{-7} \sim 10^{-4}$	赤外線	テレビのリモコンなどに利用
10^{-3}以上	電波	通信や放送に利用

（単位：m）

SECTION 5　エネルギーと原子

原子番号と質量数

原子は，中心にプラスの電気を持つ原子核と，まわりを回る電子でできている。この原子核は**プラス**の電荷を持つ**陽子**と，電気を持たない**中性子**でできている。

原子の種類は陽子の数による。陽子の数のことを**原子番号**という。また，電子はそのほかの粒子に比べて非常に小さいため，原子の重さは中性子と陽子の和で表され，これを**質量数**という。

原子番号は元素記号の左下，質量数は元素記号の左上に表す。

例　ヘリウム　$^{4}_{2}\text{He}$

放射線とその種類

原子核が崩壊するときに放出される放射線は，磁場などを通すと，その曲がり方の違いから，α 線，β 線，γ 線の 3 つに分類できる。

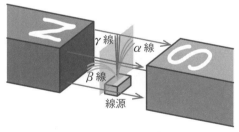

	電気	実体	電離作用	透過力
α 線	＋	ヘリウム原子核	大	小
β 線	－	電子	中	中
γ 線	なし	電磁波	小	大